1

El Observador

Alberto Canen

El observador

La clave detrás del relato de la Creación

más de 300.000 libros vendidos

Castro, Pablo Rodolfo
El observador. La clave detrás del relato de
la Creación
/ Pablo Rodolfo Castro-Alberto Canen ;
editor literario Mercedes Carreira. -
208 p. ; 15 x 22cm.

ISBN 9789871762118

1. Ciencias de la Religión. I. Carreira, Mercedes, ed. Lit. II. Título.
CDD 210

Fecha de catalogación: 20/4/2012

Alberto Canen
Queda hecho el depósito que marca la ley N°11.723

Es una edición de paginadigital
Buenos Aires

Ilustraciones de tapa e interiores realizadas por el
autor.

Agradecimientos

A mi esposa que me apoya en todo.

Amis hijos y sus preguntas.

A Luis Heriberto Rivas por estar siempre disponible a mis consultas y por haberme permitido acceder a materiales muy interesantes.

A Mercedes Bueto por sus correcciones y asesoramiento.

A mi amigo Fabian Rodríguez por tener la mente abierta y por sus grandes conocimientos.

A mi cuñado Pedro Diez por haberme ayudado a cotejar asuntos científicos y astronómicos.

Y a mi familia y amigos que se prestaron como lectores del "manuscrito" para ayudarme a mejorarlo.

Índice

Introducción

El relato de la Creación del Génesis ¿sólo una introducción a las escrituras bíblicas?

¿Qué esconden sus versos?

¿Mito, invención o realidad científica?

Este libro intenta abordar un tema que por lo general es incómodo de ser tratado, tanto para el científico como para el religioso.

La ciencia descarta de plano el relato, primero con risas y luego con enojo, y la Iglesia Católica lo ha relegado a una simple introducción a las sagradas escrituras. "El relato de la Creación es un texto religioso con enseñanzas religiosas", se dice. "No hay ciencia en él", "no debemos buscar explicaciones científicas", claro, por supuesto.

Pero…

Debo reconocer que siempre he sido un duro crítico del Génesis. Siempre estuve entre los que disimulaban la sonrisa y cambiaban de tema para no discutir. Hablar del Génesis y de la Creación en particular me resultaba impensable…, hasta hace unos meses.

Ya va a ser un año desde que mi hijo menor me preguntara acerca de Dios con gran interés, más del que normalmente solía tener.

En aquel momento charlamos, le expliqué todo lo que pude dentro de mis conocimientos y acordamos leer los libros sagrados de las religiones principales para ampliar más los conceptos. Así que empezamos por leer, primero La Biblia[1], como principal libro del catolicismo-judaísmo-islamismo, para luego seguir con el Bhagavad Gita[2] del hinduismo-budismo[3].

---

1   Ver apéndice I

2   Bhágavad-guitá, el más importante texto sagrado hinduista. Se lo considera uno de los clásicos religiosos más importantes del mundo. El término Bhágavad-guitá significa el canto de Bhagaván (Dios, que posee [todas las] opulencias). Con frecuencia, el Bhágavad-guitá es llamado simplemente Guitá (Gi-ta-). Aunque el sustantivo sánscrito guitá es femenino (la "canción"), en español se puede ver muchas veces como masculino (el "canto"), y acentuado grave o llano (el Guíta). Es parte del texto épico Majábharata (posiblemente del siglo III a. C.) y consta de 700 versos. Su contenido es la conversación entre Krisná -a quien los hinduistas consideran una encarnación de Visnú (mientras que los krisnaístas lo consideran el origen de Visnú), o también como la principal personalidad de Dios, y su primo y amigo Áryuna en el campo de batalla en los instantes previos al inicio de la guerra de Kurukshetra. Respondiendo a la confusión y el dilema moral de Áryuna, Krisná explica a éste todos los misterios de la espiritualidad. Durante su discurso, Krisná revela su identidad como el "mismísimo Dios" (suaiam Bhagaván), bendiciendo a Áryuna con una impresionante visión de su divina forma universal entre otras enseñanzas.

3   Aunque gran parte del Budismo niega que su doctrina tenga su esencia en

Al leerle La Biblia, cuando estábamos avanzando con el libro de José, tuve -lo que podríamos llamar- una revelación. En un momento comprendí el porqué de La Biblia, el porqué de la creación del Pueblo Elegido, el motivo de la venida del Mesías, La Creación, El Edén, las políticas de la Iglesia Católica, la tarea trascendental del pueblo judío, el politeísmo, el monoteísmo, y mucho más. Fue tal la conmoción que me provocó este descubrimiento que decidí escribirlo y lo volqué en mi libro Un Único Dios.

La explicación del relato de la Creación del Génesis iba a ser parte de ese libro, pero luego de analizarlo con mi correctora y asesora literaria decidimos que era mejor separarlo en un libro independiente ya que ameritaba un trato especial.

Al concluir con el libro Un Único Dios -en agosto de 2011- volví sobre el relato de la Creación del Génesis y me aboqué a resolverlo.

Era claro para mí que el Génesis era un relato real, eran hechos que podían haber ocurrido pero que es-

---

el Bhagavad Gita -y por lo tanto en el hinduismo- es innegable que las enseñanzas de Buda están basadas o son las mismas que las de hinduismo: el dharma (la acción correcta) y el fin del samsara (ciclo de nacimientos) al alcanzar el nirvana (iluminación).

taban de alguna manera enmascarados.

¿Cuál era la clave?, ¿cuál era la piedra roseta que me permitiría interpretar la narración?

La clave -descubrí-, era que el relato, el texto, era una narración de alguien que contaba lo que veía. Esa era la clave, ese era el tablero -por decirlo así- sobre el que había que montar las piezas de este rompecabezas.

En el texto de la Creación existía un observador, un narrador. No eran sólo versos, no, estaba claro que era un relato. El relato de un observador.

Al introducir esta variable -el observador-narrador-, todo cobró sentido. A partir de allí lo demás fue simplemente buscar las preguntas correctas: ¿fue una visión o una revelación?, ¿o ambas?, ¿qué tiempo le llevó la visión?, ¿quién era?, ¿dónde vivía?, ¿cuál era su ubicación?

La ubicación, la ubicación era determinante.

El observador y su ubicación eran las piezas fundamentales para comprender el relato de la Creación.

Este libro describe el camino que debí realizar desde La Biblia hacia la ciencia en un ida y vuelta permanente hasta lograr desentrañar el misterio.

Los animo a que me acompañen en mi descubrimiento.

Tomemos una taza de café, busquemos un sillón cómodo, y dejemos de lado por un momento los preconceptos.

Abramos nuestra mente y observemos que misterios han estado ocultos detrás de los versos del Génesis por más de tres mil años.

La versión que he utilizado para esta comparación es La Biblia de Jerusalén.

La Biblia de Jerusalén (Bible de Jérusalem) es una versión de la Biblia publicada en fascículos entre los años 1948 y 1953 que luego la Escuela bíblica y arqueológica francesa de Jerusalén publicó fruto de la traducción de los manuscritos griego y hebreo, al francés. Posteriormente fue traducida a otras lenguas vernáculas, y finalizada integralmente a la lengua española. El criterio de su traducción fue la comparación con los textos originales en hebraico-aramaico y griego.

1
LA BIBLIA, EL GÉNESIS, LA CREACIÓN
¿Siete días?

Quién no se ha preguntado: ¿siete días? Sí, ¿quién no? -además de mirarnos de reojo, con una media sonrisa maliciosa.

Ciertamente, es así, cada vez menos personas pueden creer que Dios haya creado los cielos y la tierra en siete días.

¿Y los dinosaurios? Bueno, para el momento en que surge esa pregunta (meramente retórica, por supuesto) ya nos encontramos enzarzados en una discusión que posiblemente avergüence hasta al barra brava más pintado.

Por lo general hablar del Génesis nos lleva, indefectiblemente, a una división irreconciliable entre ciencia y religión. Al parecer, una invalida la otra. Si el Génesis dice siete días, y la ciencia ha probado que fueron seis mil millones de años, todo apunta a que algo está mal, obviamente…, en La Biblia.

Es difícil que podamos afirmar que el análisis de la ciencia esté mal, más allá de -posiblemente- cien millones de años más, o cien millones de años menos. Por lo que -siguiendo esta lógica-, tomaremos de base para realizar este análisis lo que la ciencia sostiene que fueron los primeros momentos del sistema solar y de nuestro planeta, la Tierra, en función de los actuales descubrimientos.

Bien, si el Sistema Solar y la Tierra llevan más de seis mil millones de años desde que eran apenas una nube de polvo y gas estelar flotando a la deriva en nuestra bella galaxia… ¿cómo es que llegamos a esos siete días? Claro, ya sé, no me lo digan: pura superchería, mitos, cuentos antiguos de mitologías varias. Bien, no los culpo, así pensaba yo hasta que leyéndole la Biblia a mi hijo menor descubrí que en los textos del Génesis algo andaba mal, ¿o bien…?

Algo en los textos sagrados llamó mi atención y por un momento me detuve a observarlos y pensé:

¿y si el Génesis tuviese sentido?, ¿qué pasaría si la narración coincidiera con la explicación científica?, ¿qué pasaría si el texto del Génesis fuese la visión de alguien que ha visto la creación del Sistema Solar como en una película? Y recordé, cuántos descubrimientos se han iniciado con esa simple frase: "*¿Y si...?*".

Y sí, intentemos enfocar el tema desde esa perspectiva, ¿total?... ¿qué podríamos perder?...

Por supuesto, debo aclarar en este punto que yo creo en Dios. Creo que Dios ha creado todo. Soy, lo que se llama, un creyente.

Filosóficamente me inclino más hacia el lado hinduista-budista, que hacia el católico-judío-musulmán, pero como el Dios es el mismo en ambos casos, no veo conflicto en leer los libros sagrados de ambas religiones, y analizar lo que Dios le ha dicho a los hombres, sean estos de la Mesopotamia, o del valle del Indo.

Bien, vayamos entonces, a ver, que nos ha dicho Dios.

2
MILES DE MILLONES

Primero, reflexionemos sobre los "nunca bien ponderados" siete días.

Por supuesto, los siete días bíblicos debían tener algún tipo de explicación -pensé-, y me aboqué a resolverlo.

Lo primero que se me ocurrió fue que si Dios era infinito, posiblemente, un día de Dios podría durar mil millones de años, por lo que siete días de Dios bien podrían ser seis mil millones de años. Ustedes dirán ¿por qué seis mil millones de años? Bueno, porque actualmente se calcula, que desde la nebulosa original al presente han transcurrido seis mil millones de años, y cuatro mil seiscientos millones de años desde la consolidación de la Tierra.

Aunque Occidente no ha manejado cifras importantes -y al decir cifras importantes me refiero a números tan grandes como de miles de millones de años- en sus mitologías, puede ser interesante observar que en India -para la época en que se escribió el Génesis- ya estaban acostumbrados a pensar números de esa magnitud.

Por ejemplo: según las escrituras védicas[4], los cuatro *yugás* (eras) forman un ciclo de 4.320.000 años (un *Majá-yugá*, o 'gran era'), que se repite una y otra vez. La primera es la *Satyá-yugá* o 'era de la verdad' de 1.728.000 años de duración. En la que el promedio de vida de una persona era de 100.000 años. Es la Era de Oro, según otra clasificación.

Luego, adviene la *Duapára-yugá* o 'segunda era' que abarca unos 1.296.000 años. Con un promedio de vida de 10.000 años; también denominada Era de Plata.

La 'tercera era', *Treta-yugá* duró unos 864.000 años; en ella el promedio de vida que tenía un hombre era de 1.000 años; también es conocida como Era de Bronce (aunque no se pretende que coincida con la

---

4   Se denomina Vedas (literalmente 'conocimiento', en sánscrito) a cuatro textos muy antiguos, base de la religión védica, que fue previa a la religión hinduista. La palabra sánscrita vedá proviene de un término del idioma indoeuropeo (weid), relacionado con la visión, del que surgieron el latín vedere (ver) y veritás (verdad) y las palabras españolas "ver" y "verdad". Los textos védicos se desarrollaron dentro de lo que se denomina la cultura védica, basada en castas (varna o 'color') y ásramas (etapas de vida religiosa).

Edad de Bronce en la India).

Finalmente, *Kali-yugá* o 'era de riña' de 432.000 años de extensión donde el promedio de vida de un ser humano era de 100 años (al comienzo de ella, hace 5100 años). Denominada Era de Hierro (tampoco se pretende que coincida con la Edad de Hierro en la India).

Interesante, muy interesante.

Hasta aquí no encontré inconvenientes en sopesar los "siete días".

Si uno cree en Dios, lo normal, a mi entender, sería creer que es infinito, por lo que la relación miles o millones de años-días de Dios no me ha generado ningún conflicto.

Sigamos.

Analicemos ahora la explicación que nos brinda la ciencia acerca del nacimiento del Sistema Solar y de nuestro planeta Tierra para, de esta manera, luego poder compararla con el texto del Génesis.

Los invito a situarnos en el lugar y en el tiempo. Vayamos hasta ese momento en el que todo se inició en nuestro pequeño rincón del universo.

Hace seis mil millones de años, una nube de gas y polvo estelar -lo que se denomina una nebulosa planetaria-, flota a la deriva en el espacio.

Esta nebulosa, esta nube de polvo y gas estelar es el producto residual de una estrella, que luego de su muerte como supernova[5] (estrella que explota en su muerte, su estadío final) esparce en el espacio los materiales que ha producido en su interior a partir

---

5   Supernova: Estrella que estalla y lanza a su alrededor la mayor parte de su masa a altísimas velocidades. Luego de este fenómeno explosivo se pueden producir dos casos: o la estrella es completamente destruida, o bien permanece su núcleo central que, a su vez, entra en colapso por sí mismo dando vida a un objeto muy macizo como una estrella de neutrones o un Agujero Negro.

El fenómeno de la explosión de una supernova es similar al de la explosión de una Nova, pero con la diferencia sustancial que, en el primer caso, las energías en juego son un millón de veces superiores. Cuando se produce un acontecimiento catastrófico de este tipo, los astrónomos ven encenderse de improviso en el cielo una estrella que puede alcanzar magnitudes aparentes de -6m o más.

Existen testimonios de hechos de este tipo: en 1054, se encendió una estrella en la constelación de Tauro, cuyos restos aún pueden observarse bajo la forma de la espléndida Crab Nebula; en 1572, el gran astrónomo Tycho de Brahe observó una supernova brillando en la constelación de Casiopea; en 1640, un fenómeno análogo fue contemplado por Kepler. Todas éstas son apariciones de supernovas que estallaron en nuestra Galaxia.

Hoy se calcula que cada galaxia produce, en promedio, una supernova cada seis siglos. Una famosa supernova de una galaxia exterior es la aparecida en 1885 en Andrómeda.

de elementos más simples.

Los elementos creados en ese horno estelar -ahora más complejos- componen esta enorme nube de polvo, hielo y gas que flota plácidamente a la deriva. Nuestra nebulosa local.

En determinado momento, esta calma, este flotar plácido, se ve alterado por la llegada de olas, olas-ondas de choque producidas posiblemente por la explosión de otra supernova, otra estrella que termina sus días en las cercanías.

Estas ondas de choque, estas olas que impactan y sacuden a nuestra apacible nebulosa desencadenan en ella su contracción, y al contraerse comienza a girar y a achatarse.

Este disco achatado que es ahora nuestra nebulosa planetaria, conduce la mayor parte de la materia hacia el centro donde ésta se acumula.

Este enorme cúmulo de materia (en su mayoría gas) hace que -bajo su propio peso y por efecto de la gravedad- colapse, iniciando así la combustión de la incipiente estrella central, el Sol.

La misma fuerza de gravedad -la misma fuerza gravitacional- que genera la acumulación de materia en el centro y como consecuencia la creación de una estrella, en nuestro caso el Sol, también produce remolinos y grumos en el disco de polvo.

Estos grumos que giran como remolinos sobre sí y que continúan su viaje en torno al centro, son los nodos que van a dar origen a los planetas.

Estos planetas primigenios, estos nodos o remolinos de materia estelar, continúan su camino en torno al Sol, pero no con un movimiento circular, sino en forma de espiral, cayendo hacia él, acercándose un poco más en cada vuelta, en cada órbita. Por lo que se deduce que cuando iniciaron sus giros, los remolinos originales, se encontraban más lejos de lo que los planetas "terminados" se encuentran actualmente.

¿Y cuál fue la consecuencia de ese acercamiento al Sol por ese camino en espiral? Bien, lo que ocurrió fue que esos planetas bebés -podríamos decir-, fueron "limpiando" de escombros, polvo, y gas, el espacio por donde pasaron y, de esa forma, acrecentaron sus masas con la materia capturada.

Entonces, recapitulemos y observemos el panorama general.

Primero: surge una nube de polvo y gas caótica, fruto de la explosión previa de alguna supernova que desperdiga por el espacio su materia.

Segundo: se genera un disco de acreción a partir de esa materia que va a dar origen, primero al Sol y luego a los planetas.

Tercero: ese disco es en sí mismo una nube de polvo y gas, que los planetas al orbitar irán limpiando del espacio circundante.

Al "barrer" ese material, al atraerlo hacia sí, los planetas incrementarán su tamaño con el polvo y el gas capturado.

Muchas de esas rocas, polvo y hielo, remanentes[6]

---

6   Polvo Zodiacal: Los astrónomos han detectado polvo interplanetario, remanente y nuevo, -producto de la llegada de polvo interestelar y de los cometas, y de la nebulosa primigenia-, en nuestro sistema solar. Se le llama polvo zodiacal y genera una luminiscencia que puede verse en el plano de los planetas, o sea, el plano de la eclíptica, allí donde estuvo -en el principio- el disco de acreción. También se han descubierto varios sistemas solares en formación en los que se puede apreciar el polvo protoplanetario existente entre los planetas que se están consolidando y la estrella central.

Luego de 4.000 millones de años de vida del Sol y de su viento solar, aún continúa flotando polvo en el espacio interplanetario. El polvo remanente de la nebulosa original al que se suman permanentemente lo que sueltan los cometas y el que llega del espacio interestelar, o sea, el polvo que está más allá del sistema solar y que de aquella nube, son los meteoritos que aún hoy continúan precipitándose a la Tierra, y que han dejado tan marcada la superficie de la Luna y de nuestro propio planeta.

También el viento solar, producto de la combustión nuclear del Sol, limpia el espacio circundante del material liviano y lo desaloja hacia los confines del sistema.

Mientras esa ola de gas y polvo liviano es expulsada por el viento solar, vuelve a ser capturada en su camino por la gravitación de los planetas que encuentra a su paso, acrecentando así -un poco más- la masa de cada uno de ellos.

Bien, ya tenemos entonces, planetas primitivos que giran en órbitas casi circulares en torno al Sol, porque al estabilizase el movimiento general del sistema, dichas órbitas han dejado de ser espiraladas.

Estos planetas, que estuvieron recibiendo material del gas y polvo del espacio -posiblemente, muchas veces, en forma de colisiones violentas-, tienen que

---

arriba a nuestro sistema gracias a las corrientes de vientos de las estrellas, novas, ondas gravitacionales y toda la dinámica de la galaxia.

haber existido, en ese momento, en estado de lava fundida (en el caso de los planetas no gaseosos), porque la fricción genera calor, y las colisiones de esa materia produjeron muchísima fricción lo cual derivó en un gran aumento de temperatura que derritió las rocas y el polvo uniendo todo ello en masas únicas, por lo general, de forma casi esféricas.

Los planetas, al recibir cada vez menos impactos, comenzaron a enfriarse, y al enfriarse generaron una cáscara, una costra, una superficie sólida, la corteza terrestre sobre la que actualmente caminamos. No sólo se formó la superficie, sino que además, los gases que se liberaron y quedaron atrapados por la fuerza de gravedad dieron lugar a una atmósfera, como es el caso de nuestro planeta Tierra y la atmósfera cuyos gases hoy respiramos.

Por su parte, el hielo de la nube original, también atrapado, originó el agua y, por consiguiente su acumulación generaría los mares, los ríos, la lluvia.

Bien, muy bien, ahora pensemos cómo fue ese

tiempo en que el planeta, aunque ya se había enfriado bastante como para que la costra terrestre se formara, aún era demasiado caliente como para que el agua lograra acumularse en forma líquida sobre la superficie. En esa época, el ciclo de: *evaporación-condensación-lluvia* era mucho más rápido debido a las altas temperaturas de la superficie. En ese tiempo, la humedad era verdaderamente insoportable. Lluvias y tormentas eléctricas se sucedían sin solución de continuidad. La lluvia se evaporaba tan sólo tocar la tierra.

Un cielo impenetrable, mucha niebla, y la luz del Sol que apenas lograba filtrarse.

Seguramente habría sido imposible para una persona, de haber podido estar en la superficie, haber visto las estrellas o el mismo Sol debido, por un lado, a lo cerrado de las nubes y la niebla, y por otro, a causa del polvo remanente que aún flotaría en el espacio entre los planetas en formación.

¿Suena muy complicado o difícil de imaginar? Sí, es posible.

Me parece que un buen ejercicio, para ubicarse en esa situación, sería imaginarse estar en medio de una fuerte tormenta de arena y una vez allí intentar ver el Sol.

Seguramente veríamos la luz, el resplandor que nos rodea, pero difícilmente podríamos identificar con exactitud la fuente, el origen de esa luz. El polvo, "la arena" que vuela en la tormenta, ese polvo en suspensión nos impediría ver el Sol.

Por otra parte, mientras "afuera" se desarrolla esta "tormenta de arena" aquí dentro, en la atmósfera del planeta, nos encontraríamos en medio de una lluvia hirviente torrencial, con nubes, rayos y relámpagos, además de erupciones volcánicas, lluvias de cenizas y vapores venenosos.

Ciertamente todo un escenario, un tremendo escenario, un escenario muy distinto del actual.

Este escenario, en el que hoy probablemente no duraríamos vivos ni un minuto, crearía las condiciones ideales para iniciar el camino de la vida (humedad, temperatura, rayos cósmicos y radiación solar -que impactaban sin casi ningún impedimento). Condiciones ideales que crearían los primeros aminoácidos, las primeras cadenas moleculares. Cadenas que luego darían origen a organismos más complejos.

Ahora, que las condiciones están dadas, vamos a adentrarnos en el siguiente paso. La evolución de la vida.

3
¡Y EN ESTE RINCÓN… LA VIDA…!

Ya vimos antes que la vida, como la conocemos en nuestro planeta, se inició con y en el agua. El agua tiene un papel fundamental para nuestro tipo de existencia. Pensemos que nosotros, los humanos, estamos compuestos por un setenta por ciento de ese elemento, casi podríamos decir que somos animales acuáticos adaptados a la superficie.

Bien, debemos situarnos en el lugar y pensar que, de manera simultánea, el planeta se enfría, el agua permanece en estado líquido por más tiempo, y se acumula en los lugares más bajos por simple efecto de la gravedad.

Este océano inicial -al parecer-, era uno sólo y las tierras -como continentes- también.

La ciencia llama hoy a ese súper continente único *Vaalbará-Pangea*[7].

---

7   Pangea (Vaalbará-Pangea): Deriva del prefijo griego "pan" que significa "todo" y del término griego "gea", "suelo" o "tierra". De este modo, quedaría una palabra cuyo significado es "toda la tierra".
Pangea es el resultado de la evolución del primer continente Vaalbará, que proba-

Pangea no permanece como único continente sino que se fractura y sus segmentos derivan, navegan, por decirlo así, sobre la lava fundida que está debajo de la corteza y dan lugar a los continentes que hoy conocemos.

Realicemos por un momento un *racconto* y pongamos todos estos hechos en perspectiva.

Observemos que la vida, al evolucionar, surge primero en el mar y luego migra a la tierra, mientras el supercontinente Vaalbará-Pangea se fractura y se desplaza por el globo terráqueo hasta ocupar los lu-

---

blemente se formó hace unos 4.000 millones de años. Pangea se fracciona hace unos 208 millones de años en Laurasia y Gondwana. En la actualidad fragmentos de este antiguo continente forman parte de África, Australia, India y Madagascar.

Cronología

Supercontinentes Menores o Parciales:
-Nena (Supercontinente, surge hace aproximadamente 1.800 millones de años).
-Atlantica (Supercontinente, surge aprox. 1.800 millones de años).
-Gondwana (Surge hace aproximadamente 200 millones de años).
-Laurasia (Junto con Gondwana, Laurasia surge hace aproximadamente 200 millones de años).
-Eurasia (Eurasia es el supercontinente actual conformado por Europa y Asia).
Supercontinentes Mayores:
-Vaalbará (Surge hace aproximadamente 4 mil millones de años).
-Ur (Supercontinente, surge hace 3 mil millones de años).
-Kenorland (Surge hace 2.500 millones de años).
-Columbia (Supercontinente, surge hace aproximadamente 1.800 millones de años).
-Rodinia (Surge hace aproximadamente 1.100 millones de años).
-Pannotia (Surge hace aproximadamente 600 millones de años).
-Pangea (Surge hace aproximadamente 300 millones de años).

gares que nos son familiares hoy.

En el mar, donde la vida creó animales, también se generaron las plantas, las que pasaron a la tierra y se convirtieron en la vegetación terrestre -árboles, pasto, etc..

Algunos de esos animales marinos que habían "salido" a la tierra, mientras evolucionaban, volvieron al mar donde continuaron su evolución -por ejemplo: los cetáceos (ballenas, delfines, etc.).

Otros de estos animales primigenios, se habituaron a vivir en la superficie y dieron lugar a los famosos dinosaurios, quienes reinaron sobre el planeta durante unos ciento sesenta millones de años.

No quiero abrumarlos ni agobiarlos con la historia de nuestro mundo -seguramente muchos están familiarizados con ella-, pero es importante que la refresquemos e intentemos notar determinados "detalles" porque son pistas imprescindibles para comprender el tema que nos ocupa.

Sigamos, (con una pequeña acotación).

Los dinosaurios surgen unos doscientos treinta millones de años atrás y desaparecen -se extinguen-

hace aproximadamente sesenta y cinco millones de años.

Si tomamos en cuenta que la especie humana, el primer *Homo*, aparece recién en los últimos dos millones de años, comprenderemos, que dinosaurios y humanos nunca convivieron.

Entre el último dinosaurio y el primer *Homo* hubo un lapso de sesenta millones de años, lo suficiente como para no se hayan encontrado nunca.

En este punto me gustaría enfocar la atención sobre algunos detalles de la evolución de la vida que cuando analicemos el Génesis van a cobrar cierta importancia.

Es interesante señalar que algunos dinosaurios fueron voladores -como el *Pterosaurio*-, y es posible que hayan tenido sus hábitats en las playas. Pensemos que estos animales tenían alas como las de los murciélagos y que no eran aptas para carretear como un avión o como un pato, sino que necesitaban lanzarse desde alguna zona alta, algún risco elevado, para iniciar así el vuelo; y para eso, qué mejor que un acantilado sobre el mar. Algunos de ellos fueron animales muy grandes que llegaron a tener 12mts de envergadura, casi como una pequeña avioneta.

También -y muy importante- es recalcar que los seres humanos han sido los últimos en aparecer en esta historia, la historia de la evolución.

Bien. Como habrán notado el Sistema Solar tardó en formarse unos seis mil millones de años y el hombre hizo su aparición en los últimos dos millones de años.

Por lo general, es común, que se compare esos seis mil millones de años con un año de trescientos sesenta y cinco días, en el que la nebulosa empieza a colapsar el primero de enero y la especie humana hace su aparición a las once de la noche del treinta y uno de diciembre.

El hombre tiene su *momento* al final, muy final de todo el proceso.

Creo que este breve *racconto* de la historia de la Tierra nos permite contar con la base de información suficiente y necesaria para poder realizar nuestra comparación, así que, ¡probemos!

4
He aquí…
EL GÉNESIS[8]

«En el principio creó Dios los cielos y la tierra.

«La tierra era caos y confusión y oscuridad por encima del abismo, y un viento de Dios aleteaba por encima de las aguas. Dijo Dios: "Haya luz", y hubo luz. Vio Dios que la luz estaba bien, y apartó Dios la luz de la oscuridad; y llamó Dios a la luz "día", y a la oscuridad la llamó "noche". Y atardeció y amaneció: día primero» (Génesis 1:1-5).

Observemos detalladamente lo que nos relata este primer párrafo.

---

8   Génesis. El nombre griego proviene del contenido del libro: el origen del mundo, el género humano y el pueblo judío, la genealogía de toda la humanidad desde el comienzo de los tiempos. También "génesis" tiene el sentido de "prólogo", ya que la historia judía comienza propiamente con el Éxodo, del cual el Génesis es simplemente un prolegómeno. Este título aparece en la Versión de los Setenta o Septuaginta Griega (LXX). En hebreo, el libro se llama "Bere'schíth": "En el Principio", se toma de la primera palabra de la frase inicial. El texto que utilizo para el análisis pertenece a La Biblia de Jerusalem,Editions du Cerf, París, 1973.

En esta descripción, distingo claramente el caos original de aquella nebulosa de polvo cósmico que nos menciona la ciencia. Un "mar" de polvo, para alguien que tal vez lo está viendo en la oscuridad, y que no tiene la más mínima idea de que aquello que está presenciando no es agua sino una nebulosa en la que él (nuestro posible observador) se encuentra "flotando". Este individuo se halla en el lugar, en el sitio preciso, en el que cientos de millones de años después se va a ubicar la Tierra en formación. Además, como aún no pisa terreno sólido lo único que él puede vislumbrar o comprender, según sus parámetros, es el abismo, el abismo del espacio.

Luego, este mismo individuo (que continúa su observación y narra lo que ve) percibe que la luz brilla por primera vez y cree que Dios en ese preciso momento la crea -como luz-, ya que aún no puede ver que es el sol el que la origina. Ve la luz, pero no de dónde proviene. Para él es como si Dios hubiese "encendido" la luz.

Entonces aparece el primer gran dilema típico del Génesis: ¿cómo puede crearse la luz antes que los astros?, (esta pregunta -obviamente retórica- por lo general va acompañada de algún gesto escéptico, mirada cómplice jactanciosa y la intención de terminar la conversación). Sí, es cierto, no puede ser, pero -siempre hay un pero-, ¿qué pasaría si situáramos al observador en el lugar exacto donde se encuentra el remolino primigenio?, el que va a dar lugar al planeta. Es obvio que nuestro observador podría ver la luz, pero sería incapaz de saber de dónde procede, de dónde viene esa luz, ya que como advertimos antes, la "tormenta de polvo" se lo impediría. También, al estar "parado" (de pie) sobre el remolino, percibiría el paso de día-noche, luz-oscuridad, debido a su rotación. Esta persona, al estar parada, instalada, sobre el remolino, giraría con él, y por ello, un momento estaría de frente a la luz, y en el siguiente, de espalda a ella.

Aquí, ya podemos darnos cuenta de que es fundamental, fundamental, la existencia de un observador y -más aún- su ubicación, para poder comprender el Génesis.

Este individuo que observa, y luego relata lo que ha visto, lo contempla desde un sitio determinado, desde una ubicación concreta. En algún lugar se encuentra apostado en el momento en que "ve", en el momento en que recibe la visión, la revelación. Y ese lugar, esa ubicación en la que se halla, es la que hace la diferencia, eso es lo que nos da la pauta de que la descripción del Génesis puede tener sentido, es la clave del acertijo. La clave que abre un mundo de posibilidades

(¿Y ahora?, ¿el gestito jactancioso?...).

**

Es necesario aclarar que cuando hablo de un observador me refiero a alguien que en una época reciente -digamos hace unos tres mil años atrás-, recibe una visión o una revelación de Dios y a través de ella logra ver la creación del Sistema Solar.

No significa que el observador haya presenciado la creación en el momento en que Dios la realizaba, sino que la vio o la captó con posterioridad, a través de algún tipo de visión extremadamente resumida.

**

Creo que el Génesis nunca tuvo sentido para muchos. O al menos creo que no tuvo sentido porque la mayoría de quienes lo analizan parten del presupuesto de que la información de la Creación (el Génesis) se le debería haber dado a la persona que escribió La Biblia con el formato de un libro de ciencia, con datos científicos, tablas y gráficos; o con la estructura de una revelación detallada, que permitiera comprender lo ocurrido desde todos los ángulos. Específicamente con esa posibilidad: la de poder ver los hechos desde todos los ángulos.

Es posible, que el motivo de este preconcepto se encuentre, en que nuestra mente cientificista espera que los datos científicos sean acompañados de gráficos, tablas, estadísticas y -por supuesto- el formato correcto. Sin embargo, si nos remitimos a cómo las personas que reciben visiones o revelaciones de Dios "ven" lo que Él les revela, vamos a comprender mejor que esas manifestaciones divinas nunca ocurren según los parámetros humanos. Por lo general, estas visiones o revelaciones son, justamente eso, visiones. Visiones semejantes a películas muy cortas sobre las que el espectador no tiene ningún control. Las visiones suelen ser similares a un sueño.

A veces, estas visiones son acompañadas de una idea que se aclara tras la contemplación extática o, en algunos casos, hay alguien que le habla a la persona que tiene la experiencia y le explica algo en particular que puede -o no- estar relacionado con lo que ha visto.

Bien.

Avancemos un poco más con nuestro enfoque e intentemos desentrañar este misterio.

Si este individuo (nuestro observador) se hubiese encontrado flotando en el espacio por encima del Sistema Solar en formación habría "visto" que la estrella nace junto con la luz, pero es claro que no fue así ya que él percibe primero la luz y mucho después la existencia de los astros. Entonces, llegado a este punto me pregunté: ¿por qué?, ¿por qué no lo ve?, ¿por qué no ve algo tan evidente?

Simplemente porque no puede.

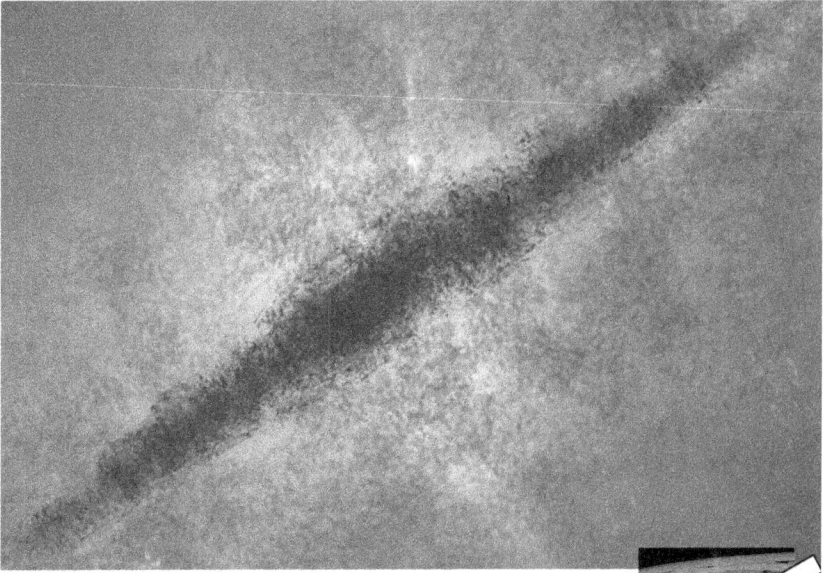

Vista desde el disco de acreción
La flecha indica la unicación del observador
Vista desde el espacio ●

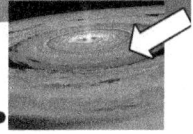

Es indudable, para mí, que su ubicación -el sitio desde donde observa-, no se encuentra en el espacio sino a nivel del disco de acreción, en el nivel donde se crean los planetas, y es justamente por ello que los astros le quedan ocultos tras el polvo remanente. La clave, la llave de este misterio es la ubicación del observador, y esa ubicación tiene que ser -sin lugar a dudas- algún punto sobre la superficie del planeta. Por lo tanto, vamos a continuar nuestra comparación bajo el supuesto que el observador se encuentra parado sobre lo que va a ser en algún momento la superficie de nuestro planeta, la Tierra.

Leamos lo que ocurre en el segundo día:
«Dijo Dios:
«"Haya un firmamento por en medio de las aguas, que las aparte unas de otras". E hizo Dios el firmamento; y apartó las aguas de por debajo del firmamento, de las aguas de por encima del firmamento. Y así fue. Y llamó Dios al firmamento "cielos". Y atardeció y amaneció: día segundo» (Génesis 1:6-8).

En este fragmento, nuestro observador se mantiene en el mismo sitio, la superficie de la Tierra (ahora ya formada), y desde allí cuenta lo que "ve", es la visión que Dios le envía.

Para mí es obvio que está observando el enfriamiento del planeta y, como consecuencia de ello, la condensación del agua, el agua que se empieza a acumular en la superficie y la clara separación de los gases de la atmósfera que van a formar el firmamento, el cielo.

Para él, antes de la separación de las aguas, todo se encontraba mezclado, de ahí la "separación". Pero ¿qué es lo que está mezclado? El agua y el aire (el firmamento).

Es tal el vapor y la humedad existente, a la que se suman las nubes -posiblemente volcánicas-, que su sensación es que el firmamento está mezclado con el agua de la lluvia y del mar.

Para él esta situación es muy confusa. Mas al enfriarse paulatinamente la Tierra (el planeta), la separación de aguas -podríamos decir- se hace evidente. La lluvia es lluvia, la tierra es tierra y el mar es mar.

(¿Ya capté su atención?, ¿no?, ¿todavía no?)
Bien.

Tercer día:
«Dijo Dios:
«"Acumúlense las aguas de por debajo del firmamento en un sólo conjunto, y déjese ver lo seco"; y así fue. Y llamó Dios a

lo seco "tierra", y al conjunto de las aguas lo llamó "mares"; y vio Dios que estaba bien.

«Dijo Dios:

«"Produzca la tierra vegetación: hierbas que den semillas y árboles frutales que den fruto, de su especie, con su semilla dentro, sobre la tierra". Y así fue. La tierra produjo vegetación: hierbas que dan semilla, por sus especies, y árboles que dan fruto con la semilla dentro, por sus especies; y vio Dios que estaban bien. Y atardeció y amaneció: día tercero» (Génesis 1:9-13).

Aquí surge, nuevamente, lo que ya habíamos observado en nuestro racconto acerca de lo que la ciencia dedujo sobre la evolución del planeta, sólo que en extremo resumido.

No debemos olvidar que nuestro observador presencia estos hechos a un ritmo verdaderamente vertiginoso, tuvo que haber sido así, ya que -como mucho- los seis mil millones de años, o al menos los cuatro mil seiscientos millones del planeta, le fueron resumidos en siete días.

Analicemos un poco este tercer día.

El agua se acumula en un sólo océano-mar y la tierra en un sólo conjunto.

Estoy convencido de que nuestro observador se refiere aquí al supercontinente Vaalbará-Pangea.

Es demasiado coincidente la observación que realiza el narrador acerca de una tierra y un mar, demasiado coincidente y casi innecesaria si no fuera porque realmente ocurrió de esa forma.

Ahora bien, él no pudo verlo (estamos hablando de un súper continente) por lo tanto tiene que haber sido una idea que captó junto con la visión. Esto hace más interesante el hecho que lo mencione, casi llamativo.

Luego, este individuo (el observador) ve crecer a su alrededor las plantas, a las que identifica con formas de vida conocidas para él: árboles, semillas, frutos, tal vez algas.

Cuarto día:

«Dijo Dios:

«"Haya luceros en el firmamento celeste, para apartar el día de la noche, y valgan de señales para solemnidades, días y años;

y valgan de luceros en el firmamento celeste para alumbrar sobre la tierra". Y así fue. Hizo Dios los dos luceros mayores; el lucero grande para el dominio del día, y el lucero pequeño para el dominio de la noche, y las estrellas; y los puso Dios en el firmamento celeste para alumbrar sobre la tierra, y para dominar en el día y en la noche, y para apartar la luz de la oscuridad; y vio Dios que estaba bien. Y atardeció y amaneció: día cuarto» (Génesis 1:14-19).

Y ahora nuestro observador -al fin- puede ver un cielo limpio, tanto de nubes, humedad y gases, como de polvo estelar. El polvo estelar remanente que ya había desaparecido del espacio circundante capturado por los planetas y barrido por el viento solar.

Al fin, ve el Sol, la Luna y las estrellas y, por supuesto, cree que ése es el instante en que Dios los ha creado.

Obviamente, él no tiene conciencia de que los astros ya existían con anterioridad, pero que simplemente -hasta ahora- él no los había divisado. ¿Y por qué no? ¿Por qué no los había visto? No los había percibido porque -cómo habíamos observado- las condiciones de la atmósfera y del espacio exterior no se lo hubiesen permitido. Recordemos la tormenta de polvo en el espacio, y las lluvias torrenciales, el vapor de agua y los gases volcánicos dentro de la atmósfera del planeta. Pero ahora, con la Tierra más fría y la vegetación creciendo, el aire se habría limpiado lo suficiente como para que el aspecto general del cielo fuese bastante similar al actual, bastante parecido al cielo al que estamos acostumbrados a ver. Un cielo limpio, celeste y despejado. Lo suficiente como para poder observar el Sol, la Luna y las estrellas.

Ahora, con un entorno más "normal" -podríamos decir-, nuestro observador continúa, parado en el mismo lugar, contemplando cómo el tiempo pasa frente a sus ojos a un ritmo escalofriante. Paralelamente trata de interpretar, a través de referencias propias y de los conocimientos de la época en la que vive, hechos que no comprende. Hechos que la humanidad necesitaría -cuanto menos- dos mil, o tres mil años y cientos de descubrimientos científicos para lograr interpretar.

Quinto día:

«Dijo Dios:

«"Bullan las aguas de animales vivientes, y aves revoloteen sobre la tierra contra el firmamento celeste". Y creó Dios los grandes monstruos marinos y todo animal viviente, los que serpean, de los que bullen las aguas por sus especies, y todas las aves aladas por sus especies; y vio Dios que estaba bien; y los bendijo Dios diciendo: "sean fecundos y multiplíquense, y llenen las aguas en los mares, y las aves crezcan en la tierra". Y atardeció y amaneció: día quinto» (Génesis 1:20-23).

En este punto, debo reconocer, que el hecho que en el relato surgieran las plantas primero y los animales marinos después, me generó una cierta inquietud... simplemente no tenía sentido. La idea me dio vueltas en la cabeza durante varios días sin que pudiera encontrarle una explicación que me conformara.

Al final, como no podía darme cuenta del porqué de esta secuencia, volví sobre el centro de la hipótesis, la ubicación del observador, y entonces comprendí que tal vez nuestro observador estaba en una playa. Se me ocurrió que ese lugar que tanto nos ha preocupado, esa ubicación exacta del observador, tenía que haber sido en una playa.

Este pequeño detalle hizo la diferencia, como una pieza que cae en su justo lugar. Si el observador estaba en una playa -entonces- tiene lógica que haya podido observar primero las plantas-algas y luego la vida marina, las aves (tal vez dinosaurios voladores), los grandes monstruos marinos (dinosaurios marinos) y el resto de los animales del mar.

Con este nuevo emplazamiento del observador -en realidad al afinar su ubicación-, podríamos encontrar más lógica esta secuencia: plantas-aves-animales marinos (monstruos marinos).

Además, es posible que, entre glaciaciones, la playa se haya inundado completamente y que, tal vez, nuestro observador haya tenido parte de su visión sumergido, y de ahí lo de "bullen las aguas por sus especies".

Debemos tener en cuenta que los continentes derivaban sobre las placas tectónicas hacia sus ubicaciones actuales, y que mientras lo hacían existieron varias glaciaciones. Estas glaciaciones retuvieron el agua líquida sobre el terreno en forma de nieve-hielo, y al pasar (al concluir) en cada oportunidad, el agua inundaba las costas. Este vaivén de retiro-inundación se produjo muchas veces.

Los monstruos marinos

¿Y los animales terrestres?

Sí, ya los vamos a ver, no nos apuremos, ahí vienen.

Sexto día:

«Dijo Dios:

«"Produzca la tierra animales vivientes de cada especie: bestias, sierpes y alimañas terrestres de cada especie". Y así fue. Hizo Dios las alimañas terrestres de cada especie, y las bestias de cada especie, y toda sierpe del suelo de cada especie: y vio Dios que estaba bien.

«Y dijo Dios:

«"Hagamos al ser humano a nuestra imagen, como semejanza nuestra, y manden en los peces del mar y en las aves de los cielos, y en las bestias y en todas las alimañas terrestres, y en todas las sierpes que serpean por la tierra. Creó, pues, Dios al ser humano a imagen suya, a imagen de Dios le creó, varón y mujer los creó. Y los bendijo Dios, y les dijo Dios:

«"Sean fecundos y multiplíquense y llenen la tierra y sométanla; manden en los peces del mar y en las aves de los cielos y en todo animal que serpea sobre la tierra".

«Dijo Dios:

«"Vean que les he dado toda hierba de semilla que existe sobre la haz de toda la tierra, así como todo árbol que lleva fruto de semilla; para ustedes será de alimento. Y a todo animal terrestre, y a toda ave de los cielos y a toda sierpe de sobre la tierra, animada de vida, toda la hierba verde les doy de alimento". Y así fue. Vio Dios cuanto había hecho, y todo estaba muy bien. Y atardeció y amaneció: día sexto» (Génesis 1:24-31).

En este párrafo del sexto día encontramos la aparición de los animales terrestres y luego la del ser humano. Es muy importante, muy importante, que el ser humano sea el último en aparecer, ya comentamos el porqué. El hecho que sea el último no es un detalle menor, el hombre podría haber aparecido al principio del relato y éste se hubiese presentado más razonable o más coherente en función de creer que toda la historia fue inventada. Lo normal -me parece a mí- es que alguien que inventa una historia de la Creación empiece por lo más importante: el ser humano. Sin embargo, en el Génesis el hombre, el centro de la Creación, es el último en hacer su arribo.

Perfecto, hasta aquí simplemente perfecto.

Pero…, otra vez un pero, ¿por qué en la descripción los animales terrestres se mencionan después de las plantas, las aves y los animales marinos? Sí, ¿por qué?

Esto no cerraba, no cuadraba, allí faltaba algo. Me había pasado por alto alguna pieza de este rompecabezas.

Otra vez regresaba a *vía muerta*, nuevamente algo no encajaba en mi planteo como debería. La idea volvió a darme vueltas en la cabeza, durante días, sin solución.

(Claro, ahora algunos ya se miran como diciendo: "¿Viste?", pero no se apuren, no se apuren... porque esto aún no termina).

Al fin volví sobre la base de mi teoría que se centra en la ubicación del observador. Pensé: afinemos aún más la ubicación exacta.

La clave nos la puede dar el individuo que contempla, el observador.

¿Quién era ese observador? ¿Dónde vivía? ¿Qué hacía? ¿De qué vivía?

Cómo no tenemos ninguna referencia acerca de este individuo, ya que lo único con lo que contamos es su relato, deberemos deducirlo.

El Génesis es una narración que forma parte de los textos, crónicas y tradiciones, compiladas por Moisés, al menos eso es lo que los estudiosos de La Biblia suponen. Siguiendo esta lógica podemos deducir, que si el texto integra el acervo cultural de los hebreos, es porque quien lo escribió o lo narró era o de su pueblo o al menos alguien muy cercano a él. Con este dato estaríamos en condiciones de definir una ubicación geográfica mucho más aproximada, habríamos circunscrito el área posible a la región de la *Mesopotamia*, entre los ríos Éufrates y Tigris. Nuestro observador tendría grandes posibilidades de ser un pastor.

Bien, bien, bien… muy bien.

En ese momento algo encajó en esa maraña de pistas y piezas. Tuve la sensación, la certeza de haber encontrado algo importante. Pensé, debo investigar ese lugar, investigar la Mesopotamia en la época inicial de Pangea. Busqué y rebusqué en los libros y… ¡Bingo! Adivinen. Mesopotamia, o al menos los territorios que habrían de convertirse algún día en la Mesopotamia, eran una playa, una playa del bloque de Arabia. Estaba ante esa masa de tierra que derivaría junto con los otros bloques y luego terminaría "casi estrellándose" con Asia. La playa estaba allí; esa playa era el sitio desde donde nuestro observador veía los monstruos marinos.

Mientras nuestro bloque de Arabia deriva por el océano, ese pequeño sector -que millones de años después sería Mesopotamia- es una playa, una larga playa que se extiende frente al océano. Pero, atención, porque no es cualquier playa. Antes de iniciar la deriva, o podríamos decir, en el momento en que aún forma parte de aquel continente único, esa región constituye la costa de un pequeño borde de Pangea. Luego, al desplazarse, continúa en su calidad de playa hasta que choca con Asia y deja de ser playa -al menos en parte- para ser terreno interior. Pero, y he aquí otro "pero" muy interesante, el terreno que queda como tierra interior es justamente el que pasa a formar la Mesopotamia mientras que el resto de la costa continúa siendo playa, la playa del Golfo Pérsico.

De esta manera, podría explicarse porqué nuestro observador vio, primero las algas-plantas, luego los animales marinos -los monstruos marinos y las aves, mientras Pangea deriva-, y al final los animales terrestres -sin monstruos (porque ya no había dinosaurios)-, y al final -muy al final- el hombre.

Aquí valga una pequeña acotación: en la narración, al referirse a los animales marinos habla de "monstruos", sin embargo cuando menciona a los animales terrestres, no. ¿Por qué? Sí, me pregunto, ¿por qué algunos animales marinos le parecieron monstruosos pero los terrestres no?

He allí la clave.

He allí LA clave.

Recordemos la línea de tiempo.

Si tomamos en cuenta que en el momento en que este individuo está observando el mar (mientras deriva sobre el bloque de Arabia) es justamente la época de los dinosaurios, en la que es posible que, además, la playa haya estado sumergida en algún momento, y luego ve la tierra firme en el lapso en que los dinosaurios ya se habían extinguido, la secuencia de tiempo adquiere una lógica inigualable[9].

Lo que el observador ve, al estar mirando hacia el mar, en época de dinosaurios son dinosaurios marinos, por eso lo de "monstruos marinos", que él nunca había visto y que nunca vuelve a ver. Sin embargo, al divisar a los animales terrestres ninguno de ellos le llama la atención, a pesar de los elefantes, y las jirafas, simplemente porque para él no eran monstruos. Para él eran animales conocidos.

Es muy interesante el hecho de que para cuando Arabia "choca" con Asia los dinosaurios ya se habían extinguido. Ya no había monstruos en tierra firme. Ya no existían "monstruos terrestres" que nuestro observador pudiera llegar a ver.

Pensemos que este individuo siempre estuvo como "clavado" al piso, nunca se dio vuelta, nunca cambió

---

9   La extinción masiva del Cretácico-Terciario fue un período de extinciones masivas de especies hace aproximadamente 65 millones de años. Corresponde al final del período Cretácico y el principio del período Terciario. También se le conoce como extinción masiva del límite K/T (del alemán Kreide/Tertiär Grenze), para señalar la frontera entre el Cretácico-Terciario.
No se conoce la duración exacta de este evento. Cerca del 50% de los géneros biológicos desaparecieron, entre ellos la mayoría de los dinosaurios. Se han propuesto muchas explicaciones a este fenómeno; la más aceptada es que fue el resultado del impacto de un asteroide sobre la Tierra proveniente del espacio.

la orientación de su mirada.

Mientras duró su visión, en todo momento, se encontró ante un despliegue de hechos que se sucedían ante sus ojos, como si hubiese estado frente a una pantalla de cine en la que se proyectaba la Creación. O, al igual que un camarógrafo filmando con una cámara fija.

Pangea y la deriva continental:

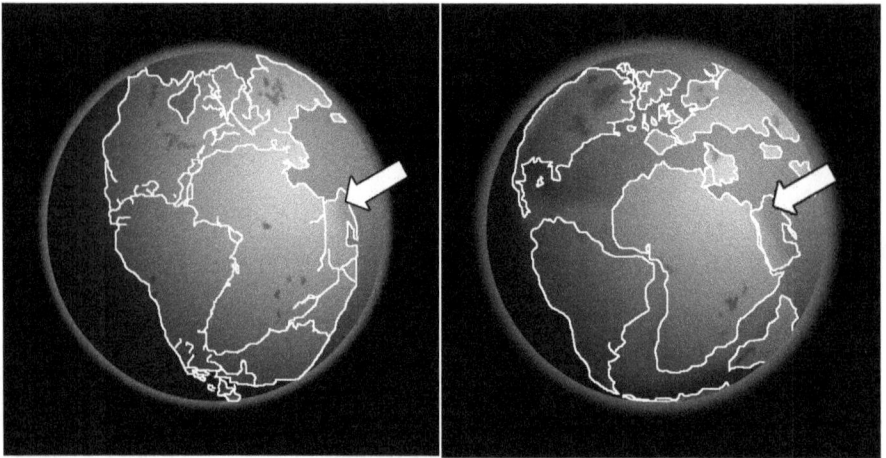

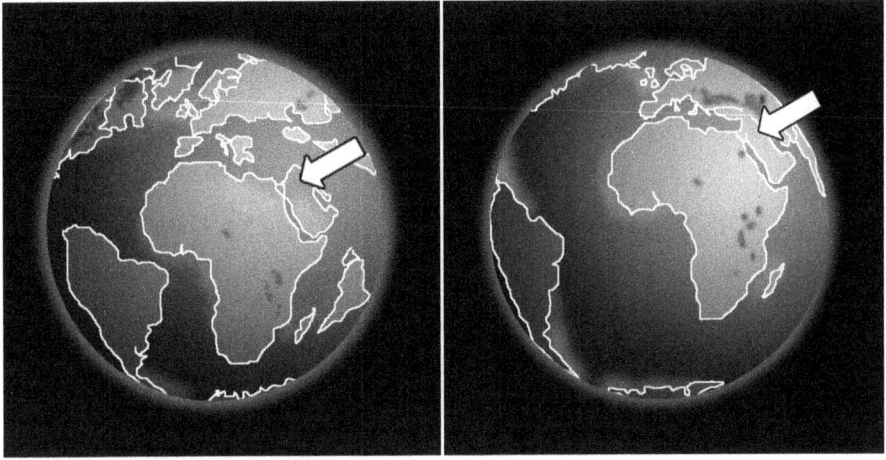

La flecha indica la ubicación del observador.

Giró con el planeta, se desplazó con el terreno y, por supuesto, no pudo volar. Lo cual, aunque podría parecer una desventaja, en realidad nos da la pauta clave de que lo que vio fue absolutamente real. Un regalo de Dios a una persona determinada, posiblemente, para que ésta lo contara y de esa manera revelara los mecanismos de Dios para crear sistemas solares y planetas como la tierra.

En este punto les voy a contar algo muy interesante.

Cuando este libro estaba casi terminado y nos encontrábamos realizando las correcciones finales, en esos días, estaba mirando la televisión y repasaba algunos programas que había dejado grabando.

Como no encontré ninguna comedia -que son las que me gustan ver luego de un día de trabajo-, revisé los programas de documentales que había grabado y seleccioné al azar uno acerca del desierto del Sahara.

Al mirar la documental -para mi sorpresa-, escucho a los científicos hablando de la enorme cantidad de fósiles marinos que formaban las arenas del desierto del Sahara. Decían, que el Sahara había sido una playa del mar poco profunda, a tal punto que crecían manglares, (los manglares son árboles muy tolerantes a la sal y cuyas raíces se encuentran inmersas en el agua del mar).

En la documental se referían en particular a una zona de Egipto llamada Wadi Al-Hitan, o valle de las ballenas por la gran cantidad de fósiles de ballenas y de ancestros de estas. También comentaban que las piedras utilizadas en la construcción de las pirámides estaban repletas de fósiles marinos costeros, o sea, conchillas, conchas marinas, y otros fósiles más antiguos como los nummulites ("pequeña moneda"), foraminíferos extintos que vivieron entre 55 y

39 millones de años a esta época.

Al final de la película -este programa documental-, los geólogos concluían que toda la franja superior de África había estado -en parte- sumergida mientras se producía la deriva continental, y que algunos terrenos adyacentes al mar se habían elevado en épocas en que África se acerca a Asia y el bloque de Arabia "choca" con Asia -(actual Irán, Irak, Turquía).

Enorme sorpresa.

Enorme y grata sorpresa.

Si tenemos en cuenta lo cercano que se encuentra la playa, o ubicación clave dónde suponemos que se encontraba nuestro observador, de la zona de este "valle de las ballenas" -menos de 1.000 kilómetros-, y además consideramos la existencia de firme evidencia que concluye que la zona estuvo lo suficientemente sumergida como para que en determinados momentos nuestro individuo pudiese ver los "famosos" monstruos marinos, la teoría que nos ocupa, la teoría de nuestro observador y su ubicación cierra a la perfección.

(Intuyo, que a esta altura, ya he captado su atención y ya no hay gestitos…).

Y al final…

En las postrimerías del sexto día, el hombre hace su aparición.

«"Hagamos al ser humano a nuestra imagen, como semejanza nuestra, y manden en los peces del mar y en las aves de los cielos, y en las bestias y en todas las alimañas terrestres, y en todas las sierpes que serpean por la tierra. Creó, pues, Dios al ser humano a imagen suya, a imagen de Dios le creó, varón y mujer los creó"» (Genesis 1:26-27).

No en el primero, ni en el segundo, no, recién en el sexto. ¿Cómo puede ser? ¿Cómo puede ser que el hombre haya sido creado por Dios al final y no al principio? Vamos, ¿no somos acaso lo más importante?, ¡somos el centro de la creación! ¿No debería habernos creado al principio? Pero no. Nos creó al final. Completamente al revés de lo que se hubiese esperado de un relato creacionista.

Un broche de cierre perfecto.

En los seis mil millones de años que duró todo el proceso de la creación del Sistema Solar el *Homo Sapiens* aparece al final, en los últimos dos millones de años.

Justamente.

Al final del sexto día.

Y ahora… el séptimo día.

«Concluyéronse, pues, los cielos y la tierra y todo su aparato, y dio por concluida Dios en el séptimo día la labor que había hecho, y cesó en el día séptimo de toda la labor que hiciera. Y bendijo Dios el día séptimo y lo santificó; porque en él cesó Dios de toda la obra creadora que Dios había hecho.

«Esos fueron los orígenes de los cielos y la tierra, cuando fueron creados.

«El día en que hizo Yahveh Dios la tierra y los cielos» (Génesis 2:1-4).

Este último día tiene algo extra, además del día de descanso, en el que Dios ve su obra, Él decide que ya está concluida y se da una tregua, y vuelve a decirnos que Dios hizo la Tierra y los cielos, ni más ni menos.

Esta repetición de la frase - tierra y cielos, ya mencianada en el primer día- es la clave para desentrañar el misterio.

¿Y…?

Volvemos a la UBICACIÓN -sí, esta vez con letras mayúsculas- de nuestro observador.

Si el relato fuese realizado por Dios, no tendría ningún sentido la mención de "tierra y cielos" ya que Dios no está parado en ninguna parte, Dios es omnipresente. Si se habla de tierra y cielos es porque lo observación es realizada desde una perspectiva puramente humana, por lo tanto el observador-narrador debe ser un hombre, un hombre, un individuo, que como ya vimos, está parado sobre la corteza terrestre, la superficie del planeta, y desde allí relata.

La tierra es todo lo que se halla bajo sus pies -el planeta-, y el cielo es todo aquello que está sobre ese mundo, y eso implica la atmósfera, el espacio, las estrellas, el resto del universo y los otros universos -si existen. En efecto, todo, absolutamente todo, incluido el mundo de las ideas y las leyes que rigen el comportamiento de la creación, como son las leyes de la física, de la química, etc., etc., etc.

Aquí me gustaría comentarles algo. Uno de mis hijos, el más pequeño, de nueve años, me decía: *"¿Por qué Dios no hizo todo con magia? Si Él puede hacer lo que quiere sólo con hacer así (tronando) los dedos."*

Sí, ya sé, preguntas de niños...

Sí -pensé-, ¿y por qué no puede acontecer la Creación así? ¿Por qué Dios no hace las cosas de manera mágica?

Y se me ocurrió que tal vez, lo que sucede, es que nos hemos acostumbrado tanto a la magia de Dios, que ya no nos sorprende. Es posible que, como la ciencia ha descubierto algunos de los mecanismos de los trucos de este "Gran Mago" y también los mecanismos que hacen al funcionamiento de estos "trucos", en un punto, hemos llegado a pensar que cualquiera los puede hacer.

Pero está claro, que no cualquiera puede crear un sistema solar, ni en seis mil millones de años.

A raíz de estas lecturas y reflexiones le comentaba a un amigo acerca de esta idea de lo mágico. Le decía: "¿Por qué suponemos que si Dios crea algo debe hacerlo con una varita mágica? Como si todas las mañanas asomara una varita del cielo y una voz dijera: 'Huevo, gallina, huevo, gallina...' y los huevos y las gallinas llenaran nuestras granjas".

Dios tiene mecanismos para todo, y eso es lo que vemos cada día de nuestras vidas y no nos damos cuenta.

Cómo nacen los niños, cómo crecen los árboles, cómo suben y bajan las mareas, cómo respiramos, cómo se genera la lluvia, cómo es el movimiento de los astros, y cientos de miles de millones de cosas más.

Y nos acostumbramos. Nos acostumbramos a la forma en que funciona el mundo que nos rodea. A tal punto nos acostumbramos, que estamos convencidos de que las cosas han ocurrido por puro azar, sin ninguna planificación. Que detrás de lo creado no hay un Creador. Que existimos por puro cálculo de probabilidades. Y ése -creo yo-, es el motivo de esa división entre ciencia y religión que suele surgir.

Parecería que lo que puede ser probado científicamente no puede ser obra de Dios.

Cómo si el hombre hubiese podido crear, él por sí mismo, alguna de las leyes de la física.

Newton descubrió la leyes que llevan su nombre, las descubrió… no las creó, hay una enorme diferencia.

5

LA UBICACIÓN Y EL ENTORNO

Babilónicos

También he pensado, que este observador del que hablamos, tiene que haber existido inmerso en un contexto cultural, obviamente influenciado por los mitos, leyendas y dioses propios de su cultura y, por supuesto, expuesto a otras narraciones de la creación.

Si la ubicación que planteamos es correcta, él tiene que haber recibido grandes influencias de Babilonia. Saber entonces qué decían los babilónicos en sus textos sobre este acontecimiento, puede resultar muy interesante.

Transcribo a continuación el poema de la creación llamado *Enuma Elish* (por sus dos primeras palabras) de la literatura babilónica que comienza así:

Cuando arriba el cielo no tenía nombre
cuando la misma tierra abajo no era nombrada,
(entonces) las aguas del abismo (Apsú: aguas dulces) primordial

y las de las tumultuosas Tiamat (aguas saladas) fueron juntadas.

Este poema Enuma Elish, hallado en la biblioteca de Asurbanipal en Nínive (669 a.C. - 627 a.C.), relata el nacimiento de Marduk, sus gestas heroicas y cómo se convirtió en el señor de los dioses luego de matar a su abuela, Tiamat, a quien le arrebató las Tablas del Destino.

Dice así:

«Cuando en lo alto el cielo no había sido nombrado, no había sido llamada con un nombre abajo la tierra firme, nada más había que el Apsu primordial, su progenitor, (y) Mummu-Tiamat, la que parió a todos ellos, mezcladas sus aguas como un sólo cuerpo.

No había sido trenzada ninguna choza de cañas, no había aparecido marisma alguna, cuando ningún dios había recibido la existencia, no llamados por un nombre, indeterminados sus destinos, sucedió que los dioses fueron formados en su seno.

Lahmu y Lahamu fueron hechos, por un nombre fueron llamados. Durante eternidades crecieron en edad y estatura. Anshar y Kishar fueron formados, superando a los otros. Prolongaron sus días, acumularon años. Anu fue su hijo, rival de sus propios padres, sí, Anu, primogénito de Anshar, fue su igual. Anu engendró a su imagen a Nudimmud. Nudimmud se hizo de sus padres dueño, sabio sin par, perspicaz, fuerte y poderoso, mucho más fuerte que su abuelo Anshar.

No tenía rival entre los dioses sus hermanos. Juntos iban y venían los hermanos divinos, alteraban a Tiamat al agitarse de un lado para otro, sí, alteraban el talante de Tiamat con sus risas en la morada del cielo.

No podía acallar Apsu sus clamores y Tiamat estaba sin habla ante su conducta. Sus actos eran odiosos hasta [...] Aborrecible era su conducta; se hacían insufribles. Entonces Apsu, progenitor de los grandes dioses, gritó, dirigiéndose a Mummu, su visir: "Oh Mummu, mi visir, que alegras mi espíritu, ven junto a mí y vayamos a Tiamat. (…)[10]».

Continúan estos versos manteniendo el mismo tenor mientras nos alejamos cada vez más de la posibilidad de realizar cualquier tipo de correlato científico entre el *Enuma Elish* y la ciencia.

Al haberlo leído hemos podido comprobar la enorme diferencia que existe entre el relato del Génesis y el de las otras culturas de la zona.

Notemos que existe -en el relato babilónico- la imagen de padre y madre dando a luz la creación. Una idea que sería normal para alguien de una cultura politeísta que intenta explicar la creación a través de un sistema de creencias que le es familiar. En donde lo que nace debe provenir -indefectiblemente- de dos padres, un varón y una mujer.

---

10   Texto completo, en APÉNDICE I.

Egipcios

Tal vez podríamos pensar que la idea de la Creación del Génesis pudo haber sido tomada de los egipcios, ya que -en un punto- eran los más avanzados de la zona a nivel científico.

Leamos la descripción de la creación realizada por ellos:

«Se cuenta que NUN era agua, era el Dios de las tinieblas, era el principio de todo… pero dormía, sólo dormía.

Cuando por fin NUN despertó, sólo encontró aburrimiento, a su alrededor era él todo lo que veía. Ni animales, ni plantas, ni hombres… ni siquiera dioses. Entonces, reconociendo en sí mismo el poder inmenso de crear, decidió ponerse manos a la obra y comenzar con la creación del universo.

«Como era agua comenzó creando tierra, hizo surgir de sí una gran isla de tierra limosa, era Egipto, y pensó que al haber nacido Egipto del agua, debía ser ésta quien le diera la vida, fue entonces cuando creó el río divino, el Nilo.

«NUN continuó creando… el cielo, el aire, plantas, animales y dioses, pero algo faltaba, no había una oscuridad absoluta, pero tampoco había luz. Un día, de un loto que flotaba en el Nilo surgió luz. La flor se resistía a abrirse y cuando ya no pudo aguantar más, de su interior nació RA, el sol, dando al mundo lo que le faltaba, esa luz con la que apreciar los colores, la belleza de la creación y por supuesto el tiempo, ya que RA volvía al interior del cáliz de la flor del loto a descansar mientras duraba la noche. RA se convirtió en el dios más poderoso, el amo del mundo y también el más envidiado…».

Obviamente no, no vamos a poder realizar el correlato con la ciencia, es imposible.

Hebreos

¿Y las nociones cosmológicas populares de los hebreos?

Revisemos cuál era la descripción, la concepción, la idea popular, hebrea.

Para ellos, la tierra estaba fundada sobre las aguas del océano primitivo, *tehóm*, y sus confines eran bañados por las aguas de ese océano.

Debajo de la tierra se hallaba la morada de los muertos, el *seol*, equivalente al *ades* de los griegos al *arallu* de los babilonios, ya que lo concebían como una concavidad subterránea habitada por las sombras de los muertos.

Por encima de la tierra se encontraba el firmamento sólido que sostenía las aguas superiores. Este firmamento sólido contaba con compuertas que daban salida a las aguas de diluvio y también a las lluvias torrenciales.

Los astros se hallaban fijos en el firmamento.

Por encima de las aguas superiores, se extendían "los cielos de los cielos", en los que moraba Dios rodeado de su corte, los ángeles, los hijos de Dios, o tal vez, los familiares de Dios. Esta idea de morada divina se convertiría en el cielo empíreo, donde en la Edad Media se situaba la mansión de los bienaventurados.

Esta concepción popular de los hebreos sobre el origen es muy interesante, ya que si bien ellos contaban con el texto del Génesis, de todas maneras no contaban con los conocimientos científicos suficientes para explicarlo. Por ello, realizan una interpretación libre de lo narrado y terminan en esta idea confusa de cielos sólidos y astros fijos en el firmamento, más allá de la morada de Dios y los ángeles, que sería un tema más bien enfocado en lo filosófico.

Es muy impactante, para mí, observar, cómo la misma descripción tiene, o no tiene, sentido dependiendo de los conocimientos que se apliquen a su interpretación y como hoy con la información disponible y la facilidad de encontrarla, cualquier persona, podría realizar una comparación más certera que la que se ha realizado en siglos anteriores.

Ahora, vamos…, el texto del Génesis tiene, cuanto menos, tres mil años de antigüedad, y el hecho de que sus piezas caigan perfectas en su lugar tiene que ser -para mí- ni más, ni menos, obra de Dios.

Lo que nos lleva al siguiente pensamiento. El Génesis tiene demasiadas "coincidencias" con respecto a lo que suponemos que científicamente ocurrió. Y yo, particularmente, no creo en las coincidencias, más aún cuando son tantas.

Entonces, ¿cómo llega esa información a nuestro observador?, ¿de dónde la saca?, ¿cómo la obtiene?

6

EL ESCRITOR SAGRADO

Para entenderlo mejor, me gustaría remitirme a cómo la Iglesia Católica aborda la idea del escritor sagrado, el escritor que plasma lo que entiende que es la palabra de Dios.

Cuando se afirma que los textos son palabras de Dios, uno podría imaginar que Dios ha dictado al oído del autor las frases que Él quería que llegaran a los lectores; de esa manera suelen estar representados los autores de los libros sagrados en muchas de las pinturas que se ven en las iglesias. Sin embargo, el fenómeno es mucho más complejo. Este fenómeno se denomina *inspiración*. Pero esta inspiración no debe ser entendida en la misma forma en la que un músico se inspira para crear una obra, sino como la discreta acción de Dios en lo profundo del autor sagrado. Esta inspiración respeta, por decirlo así, la humanidad del autor, su cultura, sus inclinaciones, sus gustos, su forma de escribir, según lo expresa Luis Heriberto Rivas en su libro "Los libros y la historia de la Biblia. Introducción a las Sagradas Escritura" [11].

Es por ello que se puede notar, que los distintos libros de la Biblia tienen estilos claramente diferentes.

Esto se debe, justamente, a que el *hagiógrafo* (tal es el nombre que recibe el autor sagrado) se encuentra plenamente involucrado en lo que Dios le manda escribir.

"Por esto, cuando se pregunta por el autor de la Biblia, se debe tener en cuenta esta doble dimensión: por un lado, el autor es Dios, el que inspira; por otro, es el hagiógrafo, quien realiza según sus medios personales esa tarea que Dios le encomienda", (Sic. Luis Heriberto Rivas. Editorial San Benito. 2008)[12].

Creo que este párrafo puede esclarecer un poco el mecanismo -podríamos decir-, por el cual la información de Dios le llega a la persona que escribe y luego al lector del texto sagrado. Pero de todas maneras, continúa siendo difícil imaginarlo.

Por eso, he redactado este relato ficticio con la mera intención de permitir al lector situarse, aunque

---

11   Rivas, Luis Heriberto, *Los libros y la historia de la Biblia. Introducción a las Sagradas Escrituras*. Editorial San Benito. 2008.

12   Ídem.

más no sea por un momento, en el lugar de nuestro ya famoso observador.

Es importante aclarar que el siguiente relato es pura ficción y que en ninguna parte de La Biblia está especificado que esto haya ocurrido realmente así.

7

EL OBSERVADOR
Contemplando la creación

Relato ficticio que puede ayudar a comprender la forma en que algunas personas han recibido visiones y revelaciones de Dios.

Mesopotamia
Aldea semita
1000 a.C.

Lentamente fue recuperando el control, su control, el control de sí mismo, mientras que tomaba conciencia de lo ocurrido.

Las piernas le temblaban, su mente era un caos de preguntas que pugnaban por respuestas.

¿Qué fue lo que vi?, ¿qué me pasó?, ¿tuve una alucinación?, ¿dónde estoy?, ¡¿las ovejas?!, ¿cuánto tiempo pasó...?, pensaba, desesperado, y enormemente confundido.

Miró a su alrededor.

¡Las ovejas!, ¡ahí están las ovejas!

¡Gracias a Dios!, ¡gracias a Dios no se han escapado!

¿Será aún de mañana o estará atardeciendo?

El día estaba finalizando y quedaba poca luz, vio que el sol de ocultaba pero él aún no lograba situarse en el tiempo.

Las piernas no lo sostenían. Cayó de rodillas, se apoyó con las manos en el suelo.

Debo volver a casa, debo volver a casa y contar lo que me pasó.

Las imágenes que había presenciado, volvían a su mente como veloces recuerdos. *¿Lo habré soñado?* Trataba de enfocarse en lo que era importante en ese momento. *Debo volver a casa, volver con mi familia, a salvo y con el rebaño.*

Ya se había percatado de que oscurecía. Tomó su cayado y las pieles con que se abrigaba. *Estoy muerto de hambre, me duele el estómago del hambre* -no había comido desde que saliera de su casa esa mañana, y ya había pasado el día. *Agua, agua, necesito beber.*

Corrió hasta el arroyo que estaba a pocos metros, y se puso en cuclillas. Tomó grandes tragos como si fuesen los últimos y se sintió mejor. Se secó la boca con la manga mientras se paraba. Estaba agotado como si acabara de correr una carrera.

Lentamente empezaba a calmarse.

Todo parecía estar en orden. Reunió las ovejas y las condujo hacia la choza donde vivía.

Llegó allí una hora después, apurando el paso, ya a la luz de la luna.

Las encerró en el corral.

Elam tenía esposa, Misur, y dos hijos, un niño de ocho años y una niña de seis.

Al oír a las ovejas entrar al corral los niños corrieron a saludar a su padre. En la penumbra, casi oscuridad, lo abrazaron y Elam alzó a Samud, la niña, y tomo de la mano al mayor, Urkis.

- Mamá estaba preocupada porque no llegabas -le dijo Urkis.

Misur ya había salido de la casa y venía a su encuentro.

- Esposo, ¿te ocurrió algo? -en el rostro de Misur podía verse la preocupación.

- O esposa mía, vamos adentro que debo contarte mi día. Debes oír lo que me ha ocurrido.

- ¿Te ha atacado algún animal?, ¿te encuentras bien? ¿estás herido?, ¿has tenido algún problema con las ovejas…?

- No mujer. Quédate tranquila. Hazme algo de comer, por favor, que no he probado bocado en todo el día y desfallezco.

Elam tomó un trozo de pan y se sirvió un poco de vino mientras esperaba que Misur le prepara algo de comer. Se sentó en una banqueta, comenzaba a relajarse y el cansancio se hacía notar. Respiró hondo, se apoyó en la mesa y comió.

No sabía por dónde empezar a relatarle lo ocurrido. Misur le decía:

- Cuéntame, cuéntame esposo mío -con urgencia.

- Ya mujer. Llegué como de costumbre a los pastos, a la vera del arroyo. Me senté sobre la roca, aquella desde la que puedo vigilar a las ovejas, la conoces. El sol empezaba a levantarse en el horizonte, el aire estaba quieto, casi no había sonidos, los animales pastaban en total tranquilidad y un momento después… todo había desaparecido.

Me hallaba envuelto en la oscuridad, podía darme cuenta de que existía algo como un mar, en el que estaba sumergido, y había a mi alrededor un enorme desorden, como si todo estuviese mezclado. No podía ver dónde empezaba ni dónde terminaba. Era como estar en una tormenta de arena en medio de la noche. Sentía que flotaba sobre un abismo, no veía piso bajo mis pies, y sobre ese mar podía sentir claramente la presencia de Dios.

De repente surgió luz, algo se había encendido, la luz venía de alguna parte pero yo no podía ver de dónde.

La luz que se había encendido se movía, cruzaba sobre mí como cruza el sol. Y cuando quedaba detrás de mí la oscuridad regresaba como en la noche.

Cuando volví en mí ya era de tarde, ya oscurecía y no podía darme cuenta del tiempo que había transcurrido...

Dime mujer, ¿fue sólo hoy o estuve ausente varios días?

- Fue sólo hoy. Esta mañana saliste de casa y esta noche has regresado como siempre. Quédate tranquilo. Termina de comer y vete a dormir, descansa, tal vez ha sido sólo un sueño -le dijo Misur en un vano intento de hacerlo sentir mejor y más calmo.

- No, no fue un sueño -dijo Elam con determinación, mientras se paraba y caminaba por la habitación, claramente perturbado. Estoy seguro de que es cosa de Dios, lo puedo sentir.

Ella podía ver que este evento lo había afectado y no sabía qué hacer, no sabía cómo proceder en estos casos.

Si realmente Elam había tenido una revelación de Dios era necesario contárselo al sacerdote del templo, él sabría si era un sueño o un mensaje. Era posible que ellos no se dieran cuenta del mensaje, que no supieran interpretarlo. O tal vez sólo había sido un sueño.

- Procedamos de esta manera -le dijo Misur-, mientras tú, mañana, llevas las ovejas a los pastos, como de costumbre, yo puedo ir al pueblo en busca del sacerdote o de alguno de sus ayudantes para consultarlos, y cuando regreses, por la tarde, sabremos qué hacer.

Elam estuvo de acuerdo. No había nada más que hacer, debía dormir, necesitaba descansar, estaba agotado. Acostaron a los niños y luego lo hicieron ellos.

- Mujer, pregúntale también si debemos hacer sacrificios u ofrendas, no te olvides.

La noche fue larga para Elam, las imágenes del día volvían y no podía sacarlas de su cabeza; recibió la mañana con alivio.

Él y su mujer se levantaron antes del alba -los niños aún dormían. Desayunaron como todas las mañanas y acordaron que Misur iría a ver al sacerdote al pueblo.

Elam tomó su cayado, la alforja con comida para el día que le había preparado Misur y salió en busca de las ovejas que estaban en el corral.

La mañana era calma, el aire quieto, los aromas familiares. Llevaba sus animales hacia los pastos cerca del arroyo, como era su rutina.

Intentaré capturar un pez, eso me distraerá y dejaré de pensar en la visión. En esta época del año, algunos grandes se acercan a las orillas a desovar; luego podría buscar hierbas para medicinas. Sí, trataré de mantenerme ocupado.

Llegó a la roca que por lo general utilizaba de mirador, se sacó el morral, acomodó las pieles que usaba de abrigo, las estiró sobre la piedra, y se sentó un momento a descansar. La mañana era verdaderamente plácida...

Empezó a llover, torrencialmente, había mucho vapor, no parecía haber aire, todo era agua y barro, casi no se podía distinguir dónde empezaba uno y dónde terminaba el otro.

Él no se mojaba, toda esa humedad no lo afectaba. Nada de lo que ocurría frente a su vista le producía algún efecto. No sentía frío ni calor. No podía ver el cielo, la niebla-vapor era impenetrable.

Lentamente la atmósfera se fue aclarando, la lluvia disminuyó. El vapor fue cada vez menor. Elam pudo ver cómo el agua se juntaba en el suelo y el cielo aparecía. Aún había muchas nubes, pero ya podía distinguir el firmamento. La tierra era un lodazal, un inmenso bañado.

Volvió en sí, la visión desapareció tan repentinamente como había irrumpido.

Nuevamente era de tarde, otra vez, casi la misma

hora, como el día anterior.

Elam se tomó la cabeza.

¿Me estaré volviendo loco?, ¿y las ovejas?

Allí estaban, perfectamente bien, juntas, tranquilas, como si alguien las hubiese estado cuidando mientras él tenía su nueva visión.

Elam pasaba de la felicidad al terror. Felicidad porque se daba cuenta de que lo que le ocurría era voluntad de Dios, lo sentía, lo sentía claramente como si alguien se lo hubiese dicho, pero al mismo tiempo sentía miedo.

¿Por qué yo?, ¿por qué Dios me eligió para mostrarme esto?, ¿y qué es lo que me muestra? No logro entenderlo. ¿Qué más me mostrará?, ¿a qué otras cosas tendré que enfrentarme?

Eran demasiadas preguntas, demasiadas y ninguna respuesta.

Tomó sus cosas, buscó a las ovejas y las arrió lo más rápido que pudo hasta su casa, casi corriendo.

Necesitaba hablar con el sacerdote. Era imperioso que hablara con una persona de Dios, alguien que tuviese experiencia en este tipo de sucesos y pudiera decirle qué iba a pasar o a qué atenerse, o algo, lo que fuera, cualquier cosa que le devolviera la tranquilidad.

Sí, si Misur no pudo ir al pueblo a ver al sacerdote voy a ir ahora mismo, no puedo esperar -lo suyo se acercaba a la desesperación.

Llegó a su casa y metió las ovejas en el corral, empujándolas.

- ¡Vamos, vamos, entren! -les gritaba. ¡Misur! Misur! ¡Ya llegué!

Misur salió a la puerta, debajo del alero y le gritó:

- ¡Esposo!, ¡ven!, ¡acércate que ha venido el sacerdote y te está esperando!

- Gracias a Dios, esposa mía.

Elam, más tranquilo -porque el sacerdote estaba allí-, se lavó un poco la transpiración en un bebedero, y entró a su casa.

Al atravesar el umbral, encontró al sacerdote y su ayudante sentados a la mesa, quienes al verlo se levantaron para saludarlo. Misur estaba parada a un costado, cerca de la entrada.

Luego de saludarse, Elam pidió al sacerdote y a su ayudante que se sentaran nuevamente y le preguntó a Misur por los niños. Ella le dijo que al ir al pueblo, de paso, los había dejado, en casa de sus padres.

Elam les narró lo sucedido en la jornada anterior y la nueva visión que había tenido ese día. Y también cómo estos hechos lo habían dejado alterado y preocupado.

Los hombres lo escuchaban atentamente sin emitir comentarios. Cuando Elam concluyó su narración el sacerdote guardó silencio un momento más, como aclarando sus pensamientos y luego le dijo:

- Hijo mío, es claro que estas visiones que has tenido pueden provenir de Dios. En este momento aún no logro darme cuenta del mensaje, ni si son hechos futuros o pasados. Es posible que debamos esperar una señal de Dios en ese sentido para poder aclarar la cuestión. De todas maneras, debes quedarte tranquilo, nada que provenga de Dios puede ser malo. Si no te molesta, nos gustaría quedarnos contigo unos días para ver si algo más se presenta, y poder acompañarte. Podemos ubicarnos en cualquier rincón que tú dispongas para no molestar, no quisiéramos interferir en tus costumbres diarias, ni ser una carga para ti y tu familia.

Elam estaba sorprendido, esto era mucho más de lo que podía haber esperado. Él, aunque era muy creyente, no era una persona practicante del culto -podríamos decir-, no tenía la costumbre de ir al templo, y no había tratado con el sacerdote antes de estos eventos.

Les ofreció a los religiosos, los aposentos de los niños -ya que estos se quedarían en casa de sus abuelos, y de ser necesario, podría dejarlos allí unos días más.

Cenaron intentando conversar sobre temas triviales.

Elam y Misur no eran gente adinerada. Eran sólo pastores, así que no tenían grandes comodidades que compartir, y tampoco podían darse el lujo de dejar de trabajar. Elam debía continuar con su vida y sus tareas como de costumbre mientras todo este tema se resolvía.

Cuando se disponían a retirarse a dormir, el sacerdote se acercó a Elam y le dijo:

- Hijo, creo tener una vaga idea acerca de qué podrían ser las visiones que has tenido, no puedo decirte nada aún, pero estoy convencido de que todavía falta que presencies algunas más. Si estoy en lo correcto esto podría llevar, cuanto menos, uno o dos días aún. Te pido que tengas fuerzas y fe en Dios. Si Él te ha elegido es porque sabe que puedes hacer frente a aquello que te ha confiado, recuerda que Él te conoce mejor que tú mismo. Nosotros vamos a acompañarte en todo momento. Dios te está poniendo una prueba y estoy seguro de que podrás superarla con éxito. Ve a dormir y descansa. Mañana será otro día.

Y agregó.

- Si no te molesta, nos gustaría acompañarte al campo sin interferir en tus tareas.

- Gracias maestro, verdaderamente se lo agradezco, no sabe cuánto significa eso para mí.

- Te comprendo hijo. Ve a dormir e intenta descansar, no te preocupes por nosotros.

Misur pasó la noche observando a Elam. Si dormía, si se movía, si respiraba. Era imposible no notar lo preocupada que se encontraba por su marido.

Las primeras luces del alba los recibieron desayunando, se prepararon casi en silencio para empezar el día. Elam podía notar la ansiedad del sacerdote y su ayudante, aunque trataran de disimularla.

Los veía cómo iban de un lado a otro acomodando las cosas que llevarían con ellos y cómo hablaban en voz baja, casi en un susurro, para no molestar.

Elam tenía claro que para ellos ésta era una posibilidad única, tal vez, la que habían esperado y para la que se habrían preparado toda su vida.

Están felices, se nota; y yo sólo deseo que termine. Perdóname Dios mío, no es que no quiera serte útil es que simplemente estoy tremendamente asustado y temo fallarte. Por favor, dame las fuerzas necesarias para superar tu prueba.

- ¿Estás bien esposo? -le preguntó Misur en voz

baja, aprovechando que los otros habían salido y disponían de un momento de privacidad.

- Sí, no te preocupes esposa mía. Todo va a estar bien, ellos me van a acompañar. Trataré de traer algún pez porque ayer no pude. Tal vez esto ya haya pasado. Quédate tranquila mujer.

Salió en busca del rebaño e inició su rutina. El sacerdote y su ayudante lo seguían, pero se mantenían apartados tratando de no intervenir, era claro que intentaban ser sólo meros observadores.

Elam al caminar se apoyaba en su cayado y arriaba a las ovejas hacia los pastos.

Dios ten piedad de mí, ten misericordia. Te ruego que todo esté bien. Dame fuerzas, cuida a mi mujer y a mis niños. No me lleves todavía, permíteme ver crecer a mis hijos y ayudarlos a iniciar sus vidas adultas.

Absorto en sus cavilaciones se encontró en el límite de los pastizales.

Los religiosos permanecían a cierta distancia, en silencio.

- ¡Vamos ovejas, vamos, vayan a comer aprovechen

las pasturas! ¡Ya, ya! -les decía Elam a los animales, mientras hacía gestos con los brazos y el cayado, en un intento visible porque deseaba que no se separaran demasiado.

Acomodó las pieles y su alforja sobre la roca y se sentó a descansar mientras observaba cómo las ovejas correteaban y pastaban apaciblemente.

El cielo estaba levemente nublado.

No parece que fuera a llover, aunque un poco de lluvia no le vendría mal a las plantas. Ojalá que los niños estén bien con los abuelos. Gracias Dios por mi familia. Gracias por este día.

Se escuchaba el susurro del agua del arroyo cercano y el graznido de algunas aves que pasaban no muy alto. *¿Cómo hacen para flotar en el aire?* Elam las seguía con la vista. Casi se había olvidado de sus compañeros de jornada…

El cielo cambió bruscamente. Las nubes se cerraron. Aunque no llovía la impresión era que ésta había sido reciente y que no faltaba mucho para que empezara a llover de nuevo.

El suelo estaba mojado y era un barrial, un bañado,

pero el agua se escurría, se escurría y se acumulaba en un sólo lugar, parecía que el suelo se elevaba secándose y que el agua fluía creando un mar, un océano. Elam presenciaba la separación del aire en firmamento, el agua en mares y la tierra en terreno seco. Podía sentir que pisaba suelo seco y que el mar bañaba la playa. El lugar ya no era un bañado. Aunque no veía vegetación ni animales al menos el paisaje general era algo más familiar. Árido, muy árido, pero familiar.

Estaba parado en el pasto entre las ovejas. Se tocó la cara y el cuerpo como reconociéndose.

Otra vez, ocurrió otra vez. ¿Las ovejas? Sí, aquí están. Dios, Dios las cuida por mí.

Respiró hondo, se restregó los ojos, como si despertara de un sueño. Caminó hasta el arroyo para beber. Sin apuro. Se arrodilló en la orilla y quedó un momento quieto, sin hacer nada. Se miró en el agua y luego juntó las manos para tomar un poco. Bebió despacio. Luego se lavó la cara y se mojó el pelo y la nuca, masajeándola levemente.

Los religiosos lo observaban de lejos en absoluto silencio.

Juntó sus cosas y empezó a arriar a los animales. A corta distancia, el sacerdote y su ayudante lo observaban. El sacerdote con un leve gesto de su mano le decía a su ayudante que no hiciera nada, que no interviniera. Elam pasó cerca de ellos arriando las ovejas y todos iniciaron el regreso.

El retorno fue en silencio y sin apuro, casi como un día más de tantos.

Al fin, al llegar, Elam dejó a las ovejas en el corral y al pasar al lado del sacerdote le dijo:

- Vamos adentro, maestro, comamos algo y les contaré lo que he visto.

Misur, al verlo entrar en la casa, quiso saber:

- Has tenido otra visión -fue más una aseveración que una pregunta. Estás cansado, esposo mío. Siéntate que he preparado algo para que todos coman.

La mujer miró a los religiosos, como preguntando su opinión.

El sacerdote y su ayudante en silencio se sacaron los morrales y dejaron sus cosas sobre el suelo, en un rincón. Luego salieron a lavarse para cenar.

Elam se sentó en una banqueta y se apoyó en la mesa.

- Mujer. He tenido otra visión. Cuando vuelvan los religiosos se las contaré.

Mientras comían, Elam narró lo que había visto. Y el sacerdote le contó a Misur que Elam había caminado por el prado mirando cosas que ellos no habían conseguido ver. Relataron cómo Elam miraba sus pies, observaba el cielo, y cómo, por momentos, extendía las manos como si fuese a tocar algo. También les comentaron que las ovejas se mantuvieron cercanas y apacibles en todo momento. Ninguna se separó del rebaño ni fueron atacadas por algún depredador.

Al fin, el sacerdote le dijo a Elam:

- Hijo. Debes estar tranquilo. Estoy seguro de que lo más difícil ya ha pasado. Debes alegrarte de ser tú el elegido por Dios para recibir este mensaje. Ya habrá tiempo de interpretarlo. Mientras tanto descansa. Nosotros, por nuestra parte, vamos a orar a Dios para que te dé las fuerzas necesarias y la claridad de mente y espíritu que necesites. Alégrate. Lo que viene de Dios tiene que ser bueno.

Se dio vuelta y le dijo a su ayudante:

- Retirémonos a nuestro aposento. Dejemos a esta gente tranquila. Todos necesitamos descansar.

Amaneció. Un nuevo día se iniciaba. *Otra vez, ¿y hoy? ¿qué pasará?, ¿será que ya se habrá terminado? Por favor Dios mío ten misericordia de mí y mi familia.*

Elam se levantó y se preparó como de costumbre, los demás hicieron lo suyo.

Misur les preparó comida para el día. Los saludó desde la puerta mientras se alejaban, su mano izquierda apretujaba la ropa de su pecho.

Llegaron a las pasturas enseguida, sin ningún tropiezo.

Aquí estoy, una vez más. Cada vez que miro los pastos, las serranías, el desierto, los arroyos, las aves, pienso, ¿cómo ha creado Dios todo esto?...

De la tierra brotaban plantas, plantas que se convertían en árboles, árboles que daban frutos, y frutos que daban semillas. Lo árido se tornó verde, verde y diverso. Progresivamente se encontró rodeado de gran vegetación, tanta que no podía ver el cielo.

Y el pastizal volvió, y con él las ovejas.

Así lo hizo, ¡así fue! ¡Es eso, es eso lo que me está mostrando! ¡Estoy viendo y presenciando cómo Dios creó todo lo que existe! ¡Dios me está mostrando la Creación!

Buscó a los religiosos con los ojos.

- ¡Ya sé qué es lo que veo! ¡Ya sé qué es lo que Dios me está mostrando! -se arrodilló y se sujetó la cabeza con ambas manos.

- Es perfecto, es impresionante -susurraba.

Los religiosos corrieron hasta él y se arrodillaron a su lado.

- Cuéntanos hijo, cuéntanos por favor.

- ¡Dios me está mostrando la Creación! ¡Dios me muestra cómo hizo todo!... Es el caos original, cómo lo organizó, cómo separó el agua de la tierra, la luz y la oscuridad, el día y la noche, las plantas, los árboles… creo que mi cabeza va a reventar.

Se reía y lloraba. Los religiosos lo abrazaban y trataban de contenerlo.

- Calma hijo. Tráele algo de comer -le pidió el sacerdote al ayudante.

Éste trotó hasta donde estaban los morrales y regresó con un poco de pan y agua.

Elam les contaba lo que había visto y cómo la tierra pasaba de la aridez extrema a la exuberante vegetación delante de sus ojos. Había tanto bosque, tantos árboles que ni siquiera podía ver el cielo.

Regresaron.

- ¡Misur, Misur! -entró a la casa. ¡Ya sé de qué se trata! -la sujetó de los hombros. Dios me está mostrando la Creación, cómo creó la tierra y todas las cosas que la habitan. ¡Hoy me ha mostrado cómo creó las plantas! Siéntate y te lo contaré, ha sido maravilloso, impresionante…

Al día siguiente allí estaban otra vez.

Elam acomodó las pieles sobre la roca. Buscó un trozo de pan -la caminata le había dado hambre. Los religiosos estaban a unos cien metros, en el mismo lugar donde se habían quedado el día anterior, y hacían como que no lo observaban. Se sentó y se desperezó estirando los brazos.

Sí que es un día hermoso…

Salió de entre los árboles y vio el sol pasando raudo sobre él, y luego la luna y las estrellas. Los días y las noches se sucedían a un ritmo vertiginoso. Los días pasaban, los años, los siglos, milenios.

- ¡Para eso están! -gritó, buscando a los religiosos. ¡Para contar los días y los años!

Los religiosos lo miraban sin comprender y se acercaron casi trotando.

- ¡El Sol y la Luna están para eso! ¡Dios los creó para que podamos contar el tiempo! ¡Para que sepamos cuántos años han pasado! ¡Para separar la luz de la oscuridad, para que descansemos de noche y trabajemos de día! Nos dice que los astros fueron hechos con un propósito, para ayudarnos, para organizarnos… Es maravilloso. Todo tiene un motivo. Todo tiene un porqué.

Y atardeció y amaneció el quinto día…

Y allí estaba de nuevo en el prado con sus ovejas.

Acomodó sus cosas sobre la roca y se refregó la cara como para despertarse.

Se recostó y apoyó las manos en sus muslos, mientras miraba el arroyo. *¿Qué tienes hoy para mí, Dios mío...?*

Agua, mucha, llena de peces, chicos, grandes. Y en el cielo aves, gran cantidad, revoloteando. Los graznidos llenaban el aire.

Enormes animales marinos, enormes, gigantes, monstruosos. Algunos salían a la tierra, otros se arrastraban como serpientes ganando la tierra firme. El mar bullía de vida, vida diversa, inmensa diversidad. Las aves anidaban en la tierra y se reproducían, el mundo se llenaba de vida.

Eran muchas, demasiadas, no lograba seguir a todas esas criaturas, tan distintas y tan similares. Tantas... tantas...

La playa desapareció. Elam se tiró de espaldas en el pasto. Con las manos tanteaba lo que había a su lado. Buscaba la arena que ya no estaba, mientras miraba el cielo en busca de las aves. Cerró los ojos en un intento de retener las imágenes. *Más, más.*

Se sentó.

- ¡Animales marinos!, ¡animales inmensos!, ¡monstruos marinos!, ¡monstruosos, enormes! -se reía. Y los días. Cada día corresponde a un día de la Creación, ¡mis días son los días que a Él le llevó concretarla! Por eso me la muestra fraccionada. ¡Es muy importante que reparemos en los días!

Hizo un alto en su discurso para tomar aliento.

- ¿Cuántos días llevamos? -les preguntó.

El sacerdote ya estaba a su lado y se sentó cerca.

- Con éste, cinco -le respondió.

- Cinco, cinco... ¿cuántos días habrá dedicado Dios a esto?, ¿cuántos días faltarán?

- ¿Y el hombre? -preguntó el ayudante-, ¿y el hombre?

- No sé. Aún no me lo ha mostrado, aún no lo he visto...

Y atardeció. Amaneció el sexto día.

Se arrodilló. Dejó su cayado y oró, agachado con la frente casi sobre la tierra y las manos unidas.

Dios, Dios mío, déjame ver tu grandeza, muéstrame

tu Creación. Ten misericordia de tu humilde servidor.
Dame las fuerzas para realizar tu encomienda...

Del mar apareció la tierra firme y en ella los animales terrestres, pequeños, grandes, todas las especies. La tierra rebosaba de vida. Y Dios estaba conforme.

Y apareció el hombre. El hombre mandaba sobre los animales, los dominaba. Hombres y mujeres caminaban juntos.

Estos hombres y mujeres comían de los frutos de los árboles y de las semillas de las plantas, y los animales pastaban en las llanuras. Dios proveía del alimento a todos. Frutas y semillas para los hombres y hierbas para los animales. Y Dios miraba su Creación y veía que era perfecta.

Elam volvió en sí al borde del arroyo. Miró alrededor como intentando ubicarse.

Dio un par de pasos hacia atrás, se dio vuelta y empezó a caminar alejándose del agua.

- ¡El hombre! ¡Dios lo creo a su imagen, hombre y mujer!

Se sentía como borracho, embriagado. En estado

de bienaventuranza. Feliz. Les dijo:

- Regresemos, vamos a casa, quiero ver a Misur, deseo contarle, quiero describirles lo que vi.

Sus ojos transmitían amor, amor, compasión, comprensión.

Retornaron.

- Misur, esposa mía, he visto la creación del hombre y de los animales. Dios dijo: "Hagamos al hombre igual que nosotros, y que mande sobre todos los animales, peces y aves". Dios creó al ser humano a imagen suya, macho y hembra. Y los creó con amor, con el amor de un padre y los bendijo: "Sed fecundos y multiplicaos". Y también agregó: "Les doy las hierbas de semilla y los árboles con frutos para que coman, y a los animales, aves y peces la hierba verde de alimento". Y Dios vio cuanto había hecho, y todo estaba muy bien. Mujer, esposa mía, puedo sentir el amor de Dios por su creación, por nosotros, por cada hierba, por cada ave.

Su voz se quebró por la emoción, no podía contener el llanto.

El sacerdote y su ayudante se postraron y oraron.

- Dios gracias, gracias Dios mío.

Atardeció. Amaneció el séptimo día…

Caminó hasta llegar a la piedra donde dejaba sus cosas, como quien va al encuentro de alguien. Se sacó las pieles, dejó el cayado en el suelo, apoyó el morral sobre la piedra y se sentó. Cerró los ojos y esperó…

La obra estaba concluida. La tierra, los cielos y todos sus elementos y seres. Y cesó Dios en el día séptimo todo el trabajo que había hecho. Lo bendijo y santificó.

Abrió los ojos los buscó. Allí estaban. Se tambaleó, se apoyó en la roca con una mano.

¿Me estaré por morir? Algo o alguien me abandona, me siento mareado. Tengo miedo, Dios no me lleves todavía. Ha terminado. Ya no hay nada más. Lo que estaba conmigo se ha ido. No me siento bien.

Llamó al sacerdote con la mano y le dijo:

- Vamos, regresemos. Ha terminado. Hoy es día de descanso. El séptimo día debe ser santo. Es el día en que Dios da por concluida la Creación. No debemos trabajar. Lo que Dios me dio terminó. Se ha ido. No me siento muy bien -los pensamientos se le mezclaban.

- Tranquilo hijo, casi no ha pasado la mañana, vayamos a la casa a comer algo y te sentirás mejor -le hizo señas a su ayudante para que tomara las cosas de Elam.

Arriaron las ovejas y Elam se fue sintiendo mejor a medida que se acercaban a la finca.

Misur se encontraba en la huerta carpiendo el suelo. Corrió hasta ellos.

- ¡Que pasó que han vuelto tan temprano!

- Dios me ha dicho que hoy es día de descanso, que no debemos trabajar. Es el día en que concluyó la Creación, el séptimo día. Deja las herramientas mujer, hagamos como Él dijo.

- ¿Y mañana?

- Mañana hay que trabajar de nuevo, pero ya no habrá mensajes, esposa. Siento que ha terminado. Tengo la sensación de que lo que estuvo conmigo estos siete días se ha ido. Me siento distinto y cansado, bastante cansado.

A la magra luz de la lámpara de aceite -en su habitación del templo-, el sacerdote terminó de escribir lo que Elam le había narrado día por día.

Esperó que la tinta se secara -ayudó soplándola suavemente-, y luego enrolló el papiro con gran cuidado y reverencia. Lo ató con un cordel y lo guardó en el cofre de las posesiones sagradas del templo.

Era necesario descansar; en la mañana debería iniciar el largo viaje hasta el templo principal donde le contaría lo acaecido al sumo sacerdote.

8

MENSAJE Y ENSEÑANZA

Bien, espero que esta pequeña narración fabulada por mí sirva para comprender mejor lo que pudo haber sido esa visión, esa revelación.

Ya tenemos una idea más clara sobre lo que pudo haber ocurrido, qué fue lo que en realidad narró y una cosa más: el porqué de los días.

Cuando pensé en escribir la narración de lo que el observador vio, inmediatamente se me planteó este dilema de los siete días. Pensé: ¿y si los siete días no fueran los días de Dios sino los días del observador?, ¿o ambos? -otra vez el ¿y si...?.

Y sí, tendría sentido. Es mucha información para recibirla en un sólo día y además, al entregársela al observador en siete sesiones, podríamos considerar que la narración fue contada en siete días. Tal vez eso fue así porque, seguramente, Dios deseó instalar esa necesidad de dividirlo por día, ya que los siete días tienen un motivo de ser -desde el punto de vista religioso-, que a continuación vamos a analizar.

Veamos el lado religioso de la narración.

Lo primero que el autor sagrado dice es: "En el principio creó Dios los cielos y la tierra"; en esta frase nos entrega la clave que debemos usar para comprender el texto, y a la vez, intenta manifestar la síntesis de todo lo que después va a describir en detalle. Ya hemos visto que al integrar cielos y tierra trata de abarcar todo, todo lo que existe y que al repetir -en el final- cielos y tierra nuevamente, llama nuestra atención sobre la perpectiva puramente humana y terrenal del narrador.

Es posible también, que debido a que la palabra *kosmos* es de origen griego, y a que en la lengua hebrea no existe un vocablo que corresponda exactamente a esa idea, es que recurre a esta redundancia de cielos y tierra. Para mí, es evidente que al englobar todo está incluyendo lo intangible, como el mundo de las ideas y las leyes que rigen los sistemas.

Se supone que el hagiógrafo -el autor sagrado-, además de narrar una posible visión, tendría la intención de catequizar, de dar una lección de teología de manera sencilla y directa, en un lenguaje que pudo haber sido popular, a personas de mentalidad primaria. No olvidemos que esto debe haber ocurrido unos mil años antes de Cristo y que los conocimientos científicos de esa época eran en extremo reducidos.

Al mismo tiempo hay algo muy importante, está transmitiendo que Dios hizo esto y Dios hizo lo otro, Dios como singular, como uno sólo. Éste no es un tema menor, al contrario, debido a que en ese momento imperaba el politeísmo en las distintas culturas. A nadie se le ocurría, o era bastante difícil de imaginar, que todo fuese obra de un sólo Dios, porque Él crea animales, plantas y al hombre y nada más, no crea en ningún momento otros dioses, ni semidioses, ni nada que se le parezca.

El mensaje y enseñanza que debe quedar luego de la lectura es claro y contundente: Dios es uno sólo y además es preexistente, existe desde antes del origen del mundo.

Esta enseñanza del "un único Dios" continúa a través de toda La Biblia para desembocar en Jesús, ella es el hilo conductor de la historia general y motivo de ser del pueblo elegido, pero no nos desviemos.

Sigamos con el Génesis.

La oración siguiente es también muy significativa: "un viento de Dios aleteaba por encima de las aguas". Esto nos da la sensación de que la presencia de Dios es casi tangible, de que el autor siente el espíritu de Dios por encima del caos inicial, no sólo puede ver, sino que además siente, percibe, la intención existente detrás de la obra.

A continuación inicia la descripción de la creación. Aquí es importante recalcar que posiblemente al hagiógrafo, le importaba más el aspecto doctrinal y religioso de la narración que la faceta científica -obviamente. Primero porque es posible que no haya captado la parte científica y segundo, porque si la percibió no pudo contársela a nadie porque nadie lo iba a entender.

Para mí es obvio que el autor no alcanza a comprender cabalmente lo que está viendo, ya que parte de conceptos propios de su época en la que se creía, por ejemplo, que la bóveda celeste era sólida, que las estrellas, el sol y la luna eran dioses, etc.

Además, él se encuentra quieto a lo largo de las transformaciones y todo ocurre a su alrededor. Para él, el lugar en el que se halla es el centro del universo; y el sol, la luna y las estrellas se mueven a su alrededor. A tal punto ésa era la idea generalizada y compartida por los estudiosos, que la creencia que la Tierra era el centro del universo prevaleció más allá del año 1600 d.C.. Si alguien duda, podemos preguntárselo a Galileo Galilei quien pronunciara la famosa frase *Eppur si muove o E pur si muove* ("Y sin embargo se mueve" -traducida al español-) luego de abjurar de la visión heliocéntrica del mundo ante el tribunal de la Santa Inquisición el 22 de junio de 1633 en la iglesia de Santa María sopra Minerva, lo cual le costó el arresto domiciliario.

La visión heliocéntrica (del griego: *helios* - sol, centro) colocaba al Sol en el centro del sistema y desplazaba a la Tierra a ser uno más de los planetas que giraban en torno a la estrella.

Me parece interesante destacar algo, por lo general tenemos una visión de la Inquisición totalmente irracional y salvaje; sin embargo, en este caso -me llamó la atención- la Iglesia lo condena a "arresto domiciliario", ¡sin siquiera enviarlo a una cárcel! Éste no es un tema menor, Galileo estaba cambiando de lugar al hombre, la creación máxima de Dios, ¡el centro de la creación!, y así y todo, sólo se lo condena a arresto domiciliario ¿¡...!?

Bien, continuemos.

Muchas veces comprobamos que los comentaristas del Génesis se preguntan: ¿Por qué el autor no habla de la creación de las tinieblas pero si de la creación de la luz? E intentan explicarlo; por lo general, argumentando que a la oscuridad se la asocia con el mal y a la luz, con el bien; sin embargo, en el texto no hay ningún motivo para creer que la oscuridad, las tinieblas, representen el mal, simplemente antes de la luz estaba oscuro y luego de la luz no.

Creo que debemos recordar que el espacio sideral es oscuro por naturaleza debido a que carece de atmósfera y la luz no tiene forma de esparcirse y generar esa sensación de estar rodeado de claridad que nos es tan familiar.

Es importante -fundamental podríamos decir-, no perder de vista que cuando se habla del Génesis y, obviamente, de La Biblia, por lo general nos encontramos en el ámbito de la religiosidad. Por ello el texto intenta dejar -en todo momento- enseñanzas religiosas a quien lo lea, ya que ése es el motivo primordial de ser de todos estos escritos: orientar al hombre en su camino espiritual.

Al fin, al llegar el momento de la creación del hombre, dice: "Hagamos al ser humano a nuestra imagen, como semejanza nuestra, y manden en los peces del mar...". He aquí la referencia más precisa de que el hombre va a ser representante de Dios ante lo creado en la tierra, que mandará sobre los animales y las plantas, y que esa atribución conlleva la enorme responsabilidad de cuidarlos.

Me ha ocurrido encontrar personas que, interpretando mal este párrafo, se creen con derecho para hacer cualquier cosa con los animales y las plantas ya que "*Dios se los mandó*". ¿¡...!? La famosa "*potestad*"... Es claro que en tren de malinterpretar podemos usar los textos sagrados y adecuarlos a nuestros intereses o necesidades como mejor nos parezca, pero no debe ser así.

Dios es ante todo un padre misericordioso y amoroso, y no surge de Él, en ninguna parte, que podamos maltratar a los animales ni sojuzgar a otros como mandato, todo lo contrario. Basta leer las enseñanzas de Jesús y sus exhortaciones: *"Ama a tu prójimo como a ti mismo"*, *"perdona setenta veces siete"*. De hecho, no debemos pasar por alto su intención de que la alimentación debería ser vegetariana, como lo desliza el hagiógrafo: "Vean que les he dado toda hierba de semilla que existe sobre la haz de toda la tierra, así como todo árbol que lleva fruto de semilla; para ustedes será de alimento. Y a todo animal terrestre, y a toda ave de los cielos y a toda sierpe de sobre la tierra, animada de vida, toda la hierba verde les doy de alimento". En este párrafo puede verse claramente la intención de transmitir la idea, la indicación o enseñanza, de que el hombre debe proteger y respetar la vida, toda la vida animal ya que para su alimentación están las plantas.

Es indudable que el hombre, al tener conciencia, puede hacer esa discriminación, una discriminación que los animales son incapaces de realizar. Aunque luego del diluvio tenemos la impresión de que Dios se resigna a considerar que es demasiado pedir, "porque las trazas del corazón humano son malas desde su niñez" (Génesis 8:21), y a partir de allí les permite comer a los animales (Génesis 9:1-5).

Bien, más allá de lo que vayamos a almorzar, es interesante ver que Dios se presenta en La Biblia como un padre amoroso, misericordioso que va cediendo sus designios, los va renovando, en función de la lucha que tiene con sus hijos, con esta Humanidad, con su pueblo elegido "de dura cerviz", como dice a lo largo del Antiguo Testamento más de una vez.

9

EL CONTENIDO TRASCENDENTAL

El contenido doctrinal del relato, las enseñanzas que persisten luego de haber concluido la lectura, las lecciones teológicas que podríamos llamar fundamentales, podrían ser las siguientes:

• Dios es el único Creador de todas las cosas, de todo lo concreto y abstracto, de lo que hay arriba y de lo que hay abajo, de todas las entidades y criaturas. Toda la materia, y las fuerzas que actúan sobre ella, son creadas por Él y responden a su mandato.

• El poder de Dios, omnipotente y omnipresente, es expresión de su inteligencia y sabiduría, que se manifiestan en el orden, el equilibrio y el funcionamiento de lo creado.

• Toda criatura es buena por ser creada conforme a esa idea de orden y perfección. Ellas son creadas por Dios, están creadas por partes de ese mismo Dios pero no son Dios. Es fundamental esta distinción, esta separación, porque es muy sutil, y puede ser sencillo confundir Creador y creatura. Dios crea todo desde sí, por lo tanto todos seríamos parte de Dios, pero no somos Dios, sino que somos, en definitiva, su creación. En este punto es interesante el comentario que me hacía un estudioso del *Bhagavad Gita*, el libro sagrado del hinduismo, me decía: "Una comparación que permite aclarar esta separación entre Creador y creatura sería la de la fruta de la granada. Los granos dentro de la granada son parte de la granada pero no son la granada. Son parte de la fruta pero no son la fruta".

- Los astros -que en esa época eran reconocidos como dioses-, son claramente objetos creados por Dios, Él decide cómo se mueven y su paso por el universo, simplemente, va a ser de utilidad al hombre para medir el tiempo.

- La fecundidad de los animales es una bendición de Dios y parte de la maquinaria, del funcionamiento del sistema, no hay ninguna deidad encargada de eso, es sólo funcionalidad.

- El hombre -podríamos llamar cumbre de la creación-, es el único que está hecho a imagen y semejanza; por lo que es especial y se eleva por encima del resto de seres vivos, lo que inmediatamente le otorga derechos y obligaciones.

- Y al fin, éste, en agradecimiento y como segundo de Dios, debe guardar un día de la semana para darle culto, descansando, como lo hizo el mismo Dios, el séptimo día.

En estas ideas claves -que el autor sagrado brinda con tanta precisión y en tan pocas líneas-, existe una verdadera revelación de la antigüedad a la que no accedió ninguna otra civilización de tan antigua data. Ningún otro pueblo, de los que existían en el planeta en ese entonces, llegó a una explicación tan cercana a la verdad científica como éste: el hebreo, el pueblo elegido.

Es evidente, para mí, que el hagiógrafo en estas primeras líneas de Génesis intenta explicar el origen del mundo pero no desde una óptica científica sino desde el punto de vista de la relación entre la creación y Dios. Todo es obra de Dios, tanto el mundo como el espacio, los astros, las fuerzas que actúan, las ideas y lo que sea que esté allí y que aún no podemos ver. El cielo y la tierra.

Todo es razonado y lógico, a tal punto, que el caos primigenio parece ser la materia original de una obra de arte, la masilla de una escultura, el lienzo y las pinturas, pero con el detalle del libre albedrío, un pequeño gran detalle. Un detalle que no es menor. Un detalle que hace una enorme diferencia y que da idea exacta de la misericordia y el amor infinito del Creador.

Su obra no sería la misma sin la libertad, sin el tan ponderado libre albedrío. Ese libre albedrío que ha llevado a la Humanidad a realizar logros tan grandes y trascendentes y cometer tantos y tan lamentables errores.

Está visto que a Dios no le interesan seres que actúen como robots, y tampoco le importa la uniformidad; por eso, ha creado esta enorme diversidad de animales, plantas, y humanos de colores diferentes, idiomas, tallas y pensamientos, filosofías y hasta tienen percepciones distintas de Él -que es el mismo para todos.

En el contexto del libre albedrío, me resulta verdaderamente maravilloso observar en La Biblia cómo Dios dicta las normas, luego se enoja porque la Humanidad no hace lo que Él manda, entonces la reprende, la perdona, modifica las leyes que había impuesto a ver si esta vez los hombres las pueden cumplir… lo que por lo general no sucede. Entonces nuevamente se decepciona y enfada porque no hay caso, no cambian de senda; las vuelve a modificar, las aprieta, las afloja. Les cambia los juguetes peligrosos, como dioses paganos -por ideas más cercanas a las de un sólo dios-, y retira del juego a los que, es palpable, no se les puede dejar jugar con el resto, como ocurrió con los habitantes de Sodoma y Gomorra.

Sí, el gran Libre Albedrío -con mayúsculas-, el viejo libre albedrío que aún no logramos controlar.

Nos hemos vuelto a desviar del objetivo que era realizar una comparación del Génesis con la ciencia, pero valga el desvío, ya que es bueno verlo en el contexto del libro al que pertenece y del que forma parte.

Comentándolo con mi esposa, le decía que, hasta hace poco, no había existido la posibilidad de realizar esta comparación de Génesis-Ciencia, debido a que los descubrimientos científicos necesarios para poder entender de qué habla nuestro observador se han producido recién en los últimos años con inventos revolucionarios como el telescopio Hubble, los radiotelescopios como el de Arecibo y muchos otros satélites especializados. Recién ahora, en esta época que nos toca vivir, se puede realizar una comparación más completa y profunda del texto con la ciencia, y el hecho de que encaje me resulta verdaderamente sorprendente.

Es necesario comprender que tanto el hagiógrafo, obviamente, como los comentaristas bíblicos que han escrito -digamos- hasta hace unos veinte años atrás, no han contado con los recursos suficientes para entender y atar tantos cabos sueltos.

Hoy, con algunos conocimientos y una computadora conectada a Internet, cualquier persona puede chequear lo narrado en estas líneas y además realizar nuevos aportes para una mejor comprensión del tema.

Es innegable que los avances científicos de los últimos tiempos, así como los futuros descubrimientos, van a permitir dilucidar muchos de los misterios que La Biblia aún nos tiene reservados, aunque no debemos olvidar que el verdadero avance por el que debemos trabajar, siempre va a ser el espiritual.

10
EL EDÉN

La naturaleza humana en un ambiente controlado.

No fui yo, fuiste tú.

Muy bien.

¿Y el Edén?

Es cierto, el Edén, se me olvidaba.

A continuación del Génesis, y sus siete días, encontramos una nueva descripción de la Creación pero realizada de un modo absolutamente distinto. A tal punto que, por lo general, los biblistas aseguran que tiene un origen diferente, otro autor, y probablemente fue escrita en otro momento.

En esta nueva descripción existe una línea diferente de hechos.

¿Por qué no leer el párrafo y analizarlo?

«El día que en que hizo Yahveh Dios la

tierra y los cielos, no había aún en la tierra arbusto alguno del campo, y ninguna hierba del campo había germinado todavía, pues Yahveh Dios no había hecho llover sobre la tierra, ni había hombre que labrara el suelo. Pero un manantial brotaba de la tierra, y regaba toda la superficie del suelo. Entonces Yahveh Dios formó al hombre con polvo del suelo, e insufló en sus narices aliento de vida, y resultó el hombre un ser viviente.

«Luego plantó Yahveh Dios un jardín en Edén, al oriente, donde colocó al hombre que había formado.

«Yahveh Dios hizo brotar del suelo toda clase de árboles deleitosos a la vista y buenos para comer, y en medio del jardín, el árbol de la vida y el árbol de la ciencia del bien y del mal.

«De Edén salía un río que regaba el jardín, y desde allí se repartía en cuatro brazos. El uno se llama Pisón: es el que rodea todo el país de Javilá, donde hay oro. El oro de aquel país es fino. Allí se encuentra el bedelio y el ónice. El segundo río se llama Guijón: es el que rodea el país de Kus. El tercer río se llama Tigris: es el que corre al oriente de Asur. Y el cuarto río es el Eufrates. Tomó, pues, Yahveh Dios al hombre y le dejó en al jardín de Edén, para que lo labrase y cuidase. Y Dios impuso al hombre este mandamiento: "De cualquier árbol del jardín puedes comer, mas del árbol de la ciencia del bien y del mal no comerás, porque el día que comieres de él, morirás sin remedio".

«Dijo luego Yahveh Dios: "No es bueno que el hombre esté solo. Voy a hacerle una ayuda adecuada". Y Yahveh Dios formó del suelo todos los animales del campo y todas las aves del cielo y los llevó ante el hombre para ver cómo los llamaba, y para que cada ser viviente tuviese el nombre que el hombre le diera.

«El hombre puso nombres a todos los ganados, a las aves del cielo y a todos los animales del campo, mas para el hombre no encontró una ayuda adecuada. Entonces Yahveh Dios hizo caer un profundo sueño sobre el hombre, el cual se durmió. Y le quitó una de las costillas, rellenando el vacío con carne. De la costilla que Yahveh Dios había tomado del hombre formó una mujer y la llevó ante el hombre. Entonces éste exclamó: "Esta vez sí que es hueso de mis huesos y carne de mi carne. Ésta será llamada mujer[13], porque del varón ha sido tomada". Por eso deja el hombre a su padre y a su madre y se une a su mujer, y se hacen

---

13   En algunas traducciones en lugar de "mujer" dice Varona ['ishshah]: *"Dijo entonces Adán: Esto es ahora hueso de mis huesos y carne de mi carne; ésta será llamada Varona ['ishshah], porque del varón ['ish] fue tomada. Esto es ahora hueso de mis huesos"* (Génesis 2: 23).

Adán, reconociendo en ella la compañera deseada, gozosamente le dio la bienvenida como a su desposada y expresó su gozo en una exclamación poética. Las palabras "esto es ahora" reflejan su agradable sorpresa cuando vio en la mujer el cumplimiento del deseo de su corazón.

La repetición triple de "esto" (como está en el hebreo) vívidamente señala a ella sobre quien -con gozoso asombro- descansaba ahora la mirada de él con la intensa emoción del primer amor.

Instintivamente, o como resultado de una instrucción divina, reconoció en ella una parte de su propio ser. De allí en adelante debía amarla como a su mismo cuerpo, pues al amarla se ama a sí mismo.

El apóstol Pablo hace resaltar esta verdad: *"Así también los maridos deben amar a sus mujeres como a sus mismos cuerpos. El que ama a su mujer, a sí mismo se ama"* (Efesios 5: 28).

una sola carne. Estaban ambos desnudos, el hombre y su mujer, pero no se avergonzaban uno del otro» (Génesis 2:5-25).

«La serpiente era el más astuto de todos los animales del campo que Yahveh Dios había hecho. Y dijo a la mujer: "¿Cómo es que Dios os ha dicho: No comáis de ninguno de los árboles del jardín?" Respondió la mujer a la serpiente: "Podemos comer del fruto de los árboles del jardín. Mas del fruto del árbol que está en medio del jardín, ha dicho Dios: No comáis de él, ni lo toquéis, so pena de muerte". Replicó la serpiente a la mujer: "De ninguna manera moriréis. Es que Dios sabe muy bien que el día en que comiereis de él, se os abrirán los ojos y seréis como dioses, conocedores del bien y del mal". Y como viese la mujer que el árbol era bueno para comer, apetecible a la vista y excelente para lograr sabiduría, tomó de su fruto y comió, y dio también a su marido, que igualmente comió. Entonces se les abrieron a entrambos los ojos, y se dieron cuenta de que estaban desnudos; y cosiendo hojas de higuera se hicieron unos ceñidores.

«Oyeron luego el ruido de los pasos de Yahveh Dios que se paseaba por el jardín a la hora de la brisa, y el hombre y su mujer se ocultaron de la vista de Yahveh Dios por entre los árboles del jardín. Yahveh Dios llamó al hombre y le dijo: "¿Dónde estás?". Éste contestó: "Te oí andar por el jardín y tuve miedo, porque estoy desnudo; por eso me escondí". Él replicó: "¿Quién te ha hecho ver que estabas desnudo? ¿Has comido acaso del árbol del que te prohibí comer?". Dijo el hombre: "La mujer que me diste por compañera me dio del árbol y comí". Dijo, pues, Yahveh Dios a la mujer: "¿Por qué lo has hecho?" Y contestó la mujer: "La serpiente me sedujo, y comí". Entonces Yahveh Dios dijo a la serpiente: "Por haber hecho esto, maldita seas entre todas las bestias y entre todos los animales del campo. Sobre tu vientre caminarás, y polvo comerás todos los días de tu vida. Enemistad pondré entre ti y la mujer, y entre tu linaje y su linaje: él te pisará la cabeza mientras acechas tú su calcañar". A la mujer le dijo: "Tantas haré tus fatigas cuantos sean tus embarazos: con dolor parirás los hijos. Hacia tu marido irá tu apetencia, y él te dominará". Al hombre le dijo: "Por haber escuchado la voz de tu mujer y comido del árbol del que yo te había prohibido comer, maldito sea el suelo por tu causa: con fatiga sacarás de él el alimento todos los días de tu vida. Espinas y abrojos te producirá, y comerás la hierba del campo. Con el sudor de tu rostro comerás el pan, hasta que vuelvas al suelo, pues de él fuiste tomado. Porque eres polvo y al polvo tornarás".

«El hombre llamó a su mujer "Eva", por ser ella la madre de todos los vivientes.

«Yahveh Dios hizo para el hombre y su mujer túnicas de piel y los vistió. Y dijo Yahveh Dios: "¡He aquí que el hombre ha venido a ser como uno de nosotros, en cuanto a conocer el bien y el mal! Ahora, pues, cuidado, no alargue su mano y tome también del árbol de la vida y comiendo de él viva para siempre". Y le echó Yahveh Dios del jardín de Edén, para que labrase el suelo de donde había sido tomado. Y habiendo expulsado al hombre, puso delante del jardín de Edén querubines, y la llama de espada vibrante, para guardar el camino del árbol de la vida» (Génesis 3:1-24).

«Conoció el hombre a Eva, su mujer, la cual concibió y dio a luz a Caín, y dijo: "He adquirido un varón con el favor de Yahveh". Volvió a dar a luz, y tuvo a Abel su hermano.

«Fue Abel pastor de ovejas y Caín labrador. Pasó algún tiempo, y Caín hizo a Yahveh una oblación de los frutos del suelo. También Abel hizo una oblación de los primogénitos de su rebaño, y de la grasa de los mismos. Yahveh miró propicio a Abel y su oblación, mas no miró propicio a Caín y su oblación, por lo cual se irritó Caín en gran manera y se abatió su rostro.

«Yahveh dijo a Caín: "¿Por qué andas irritado, y por qué se ha abatido tu rostro? ¿No es cierto que si obras bien podrás alzarlo? Mas, si no obras bien, a la puerta está el pecado acechando como fiera que te codicia, y a quien tienes que dominar". Caín, dijo a su hermano Abel: "Vamos afuera". Y cuando estaban en el campo, se lanzó Caín contra su hermano Abel y lo mató. Yahveh dijo a Caín: "¿Dónde está tu hermano Abel?". Contestó: "No sé. ¿Soy yo acaso el guarda de mi hermano?". Replicó Yahveh: "¿Qué has hecho? Se oye la sangre de tu hermano clamar a mí desde el suelo. Pues bien: maldito seas, lejos de este suelo que abrió su boca para recibir de tu mano la sangre de tu hermano. Aunque labres el suelo, no te dará más su fruto. Vagabundo y errante serás en la tierra". Entonces dijo Caín a Yahveh: "Mi culpa es demasiado grande para soportarla. Es decir que hoy me echas de este suelo y he de esconderme de tu presencia, convertido en vagabundo errante por la tierra, y cualquiera que me encuentre me matará". Respondióle Yahveh: "Al contrario, quienquiera que matare a Caín, lo pagará siete veces". Y Yahveh puso una señal a Caín para que nadie que le encontrase le atacara.

«Caín salió de la presencia de Yahveh, y se estableció en el país de Nod, al oriente de Edén.

«Conoció Caín a su mujer, la cual concibió y dio a luz a Henoc. Estaba construyendo una ciudad, y la llamó Henoc, como el nombre de su hijo. A Henoc le nació Irad, e Irad engendró a Mejuyael, Mejuyael engendró a Metusael, y Metusael engendró a Lámek» (Génesis 4:1-18).

Me parece obvio que esta descripción no tiene correspondencia con la creación general, sino sólo con la del Edén, y de Adán y Eva.

Cuando Dios crea el Edén, hace mucho tiempo que la Humanidad camina en el mundo, millones de años; tanto es así, que luego de que Dios expulsa a Adán y Eva del Paraíso, Caín mata a Abel -únicos hijos de Adán y Eva-, sale de la presencia de Dios, y se asienta en el país de Nod donde conoce a su mujer.

Aquí queda en evidencia que Caín conoce a su mujer en el país de Nod porque existían mujeres a quienes conocer, y porque había otros países donde residían mujeres, otras mujeres -que por supuesto- no eran familiares de Adán y Eva. Ellas formaban parte de los otros pueblos, los pueblos que no eran el pueblo elegido por Dios -ya que para poder elegir un pueblo debían existir otras opciones-, que eran "los otros", los otros hombres y mujeres, los originales, los que habían sido originados durante la creación general de las especies, esos hombres que Dios crea en el sexto día y que vivían en poblaciones como ese país de Nod que menciona el texto.

Si la Humanidad ya existía, y por ende el hombre, ¿cuál es el sentido de la creación del Edén?

Este punto es muy importante -crucial diría.

La Humanidad ya está en pleno funcionamiento,

en pleno desarrollo y actividad.

Lleva, cuanto menos, dos millones de años de evolución, pero -y he allí otro pero-, está caminando por un sendero errado, y este rumbo equivocado es el del politeísmo.

Los humanos, en esa juventud espiritual -casi niños espirituales-, ven en cada fuerza de la naturaleza, en cada astro, en cada cosa o hecho que no pueden explicar, a un dios. Esto es natural y razonable para los niños, niños espirituales, por ello son naturalmente politeístas.

Aparentemente este politeísmo no es incorrecto en el comienzo del mundo, es más, es casi lo normal, casi podríamos decir inevitable. Pero, por algún motivo -queda claro-, que en ese momento de la historia Dios decide que ya es tiempo de dar el siguiente paso, comprender el sentido del monoteísmo y adoptarlo. Es tiempo de descartar las facetas, las parcialidades de la divinidad, y reemplazarlas por la idea más avanzada de un sólo Dios, un único Dios. Esta idea nueva, esta creencia nueva de un único Dios es el monoteísmo.

Es interesante remarcar y observar que, aunque en la mayor parte del planeta lo usual y normal era tener y adorar muchos dioses, en China e India no era así. China e India, en el momento en que el pueblo elegido entra en escena, ya eran monoteístas. Es necesario comprender la filosofía hindú para entender que ellos ya eran monoteístas y, por supuesto, lo siguen siendo. Para India Dios es todo, pero no de la forma en que el panteísmo lo entiende sino desde la visión más cercana del panenteísmo. Aunque suenen parecidos, panteísmo y panenteísmo son enfoques -espirituales podríamos decir- muy diferentes. El panteísmo puede llegar a ser ateo, el *panteísmo ateísta*, pero no así el panenteísmo, que es una visión más compleja de entender a Dios, a la divinidad, como uno solo, omnipresente y omnisciente. China e India ya tenían la idea de un Dios moral y justo por sobre todas las cosas, no sólo único sino moral. Su filosofía se basaba en la acción correcta -para India el *dharma*-, y el *karma* como la consecuencia de los actos.

Esta filosofía perdura hasta el día de hoy, y se la observa, tanto en el hinduismo como en el budismo, el cual se puede considerar una derivación más nueva y actual del primero, basada en las enseñanzas de Siddharta Gautama el Buda.

Es posible que por el tipo de filosofía que cultivaban, los hindúes y los chinos, no se resistieran a la idea del monoteísmo católico cuando los misioneros llegaron a esas tierras, en épocas más modernas. Y, tal vez también por la misma razón, Dios no haya enviado a los discípulos de Jesús a catequizar Asia. Es más, en algún momento el Espíritu Santo les prohíbe explícitamente a los apóstoles ir a Asia. Para comprenderlo mejor es bueno leer las palabras de Jesús cuando envía a sus discípulos en pos de las ovejas descarriadas, tanto de su propio pueblo, los judíos, como de los gentiles, los "otros", pero sólo de los pueblos politeístas. Naturalmente, no valía la pena perder el tiempo con los que ya tenían el conocimiento -los que eran monoteístas-, por ello es que la expansión del cristianismo se produce desde el actual Pakistán hacia Occidente, dejando de lado a India y China.

La primera vez que lo noté -que reparé en este "detalle"-, me produjo un *shock*, al comparar el mapa del mundo y superponerlo con el área de expansión inicial, de influencia del cristianismo.

Por supuesto, el Dios de los hebreos, era y es, el mismo que el de Asia, así que ¿para qué perder tiempo?

Entonces, recapitulando, tenemos que la humanidad se fue desviando hacia un politeísmo nocivo -salvaje podríamos decir-, con sacrificios humanos, e identificaciones de Dios con aspectos viles, bajos, por lo que fue necesario detener y reencauzar ese desvío. Y, al mismo tiempo, dar el siguiente paso de crecimiento espiritual, hacia la forma adulta del monoteísmo, hacia el conocimiento del único Dios.

Me parece a mí, que justamente ése es el motivo de la creación de ese pueblo elegido, el pueblo hebreo, el que va a ser el encargado de realizar, primero la limpieza de los pueblos que ya no tienen posibilidades de integrarse al nuevo "sistema monoteísta" -por decirlo de alguna manera-, y luego, de imponer la creencia en Yahveh, su Dios, el único Dios.

Para ello Dios, como primera medida, crea el lugar de donde saldrán los primeros seres humanos de ese pueblo, el Edén, un lugar nuevo, impoluto, en el que primero pone al hombre, hecho del polvo del suelo.

Este polvo del suelo es toda una metáfora. Detengámonos por un momento en esa idea: el hombre hecho con polvo del suelo. Si recordamos lo comentado en la creación original, en que todo lo que somos, es parte de la nebulosa original -ese polvo cósmico generado en los hornos de las supernovas-, no existe ninguna duda de que somos eso: polvo del suelo, polvo, más el aliento de vida de Dios, el alma, el espíritu.

Luego de que Dios crea a este nuevo hombre separado del resto, de "los otros", dispone a su alrededor el jardín, los árboles, las plantas, y los animales.

Es interesante comparar y concluir que esta creación es totalmente distinta a la original, a la primera. En ésta el hombre es lo primero en ser creado, -porque era lo más importante en esta fase-, y luego Dios se dedica a lo accesorio, las plantas y los animales.

Pero -siempre aparece un pero-, pone en su camino el árbol del bien y del mal, del que le dice, muy claramente, que no debe comer su fruto so pena de morir sin remedio.

Bien, ya tenemos el escenario casi completo, el hombre, su entorno, y algo prohibido… ¿qué falta?

Sí, algo nos falta, nos falta la mujer. Sin la mujer, el escenario, la réplica de lo que ocurría fuera del Edén, hubiese estado incompleta.

Ahora ya tenemos todo, la mujer, que es parte del hombre, de una de sus costillas, con la que forman una sola carne en esa unión que está más allá de las explicaciones, y el resto del entorno.

¿Y ahora?

El drama.

La tentación.

Ella pone en funcionamiento la maquinaria, y hace que la naturaleza humana quede en evidencia.

Ah sí…, la nunca bien ponderada tentación…

Recordemos…

«Estaban ambos desnudos, el hombre y su mujer, pero no se avergonzaban uno del otro.

«La serpiente era el más astuto de todos los animales del campo que Yahveh Dios había hecho. Y dijo a la mujer: "¿Cómo es que Dios os ha dicho: No comáis de ninguno de los árboles del jardín?"…

Es tan grande la separación que existe entre estos dos seres y el resto de los que ya habitaban el planeta, que no tienen idea de las mínimas costumbres, ni del sentimiento de vergüenza, ya que estaban desnudos y, por supuesto, eso no les afectaba en lo absoluto. Entonces, aparece la serpiente, el mal, la tentación, la duda, la rebeldía, pero -sí, este pero… nuestro tan querido pero-, nada hubiese ocurrido si no existiera la naturaleza humana. Justamente, todo este escenario es montado para mostrar la naturaleza humana, para que tomemos conciencia de nuestra naturaleza y de que debemos intentar doblegarla. Sin ese componente la serpiente se hubiese encontrado con un rotundo NO y allí habría terminado todo. Sin embargo… no, no fue así, el libre albedrío que Dios nos ha dado y nuestra naturaleza rebelde es, fue, y será la combinación perfecta para meternos en problemas. Y así ocurrió. No sólo comió Eva, sino que también comió Adán (porque no había más gente), y ambos terminaron arrojados del paraíso -de patitas en la calle, como diría mi mujer.

Así es.

Ahora, analicemos un poco más toda la representación, toda esta obra de teatro.

Primero la amenaza.

Esta amenaza no es menor, si comen se van a morir porque Dios los va a matar. No porque les vaya a hacer mal, les vaya a doler el estómago o algo así…, no, van a morir porque ésa es la ley que Dios a instaurado: comer = pena de muerte.

Y allí entra la inconciencia, el no tener conciencia de la gravedad de la amenaza, de lo grave, delicado y peligroso que es contrariar lo que Dios indica.

Adán y Eva casi candorosos, no escucharon nada de lo que Dios les advirtió, pero sí prestaron oídos a la serpiente, quien con gran habilidad les explica que no hay nada de qué temer. Ella les dice que Dios simplemente no quiere compartir con ellos los dones de los dioses, y allí aflora la necedad humana. Necios somos, naturalmente necios, qué duda cabe.

¿Dios sabía lo que iba a pasar? Yo creo que sí, sólo que lo quería mostrar y demostrar con hechos.

En Edén no había nadie a quien preguntar o de quien obtener una mala influencia, estaban solos, solos con el objeto del deseo, la ley y la tentación de contrariarla.

Con eso, había más que suficiente, no se necesitaba ninguna otra cosa, lo cual quedó ampliamente demostrado.

¿Y ahora? Ahora se despierta la conciencia de lo que está bien y lo que está mal, pero a sabiendas, no como antes cuando Dios les había especificado: esto pueden hacer y esto no. Ahora ellos deben decidir lo que está bien y lo que está mal y hacerse cargo de las consecuencias; o al menos, deberían hacerse cargo de las consecuencias.

Así que allí están, cosiendo hojas para confeccionarse la ropa.

En un punto dan pena. Parecen chicos que han hecho una picardía y que ahora no saben cómo arreglarla, y para colmo de males están avergonzados al verse desnudos, así que se esconden de Dios.

Dios camina por el Edén como si no supiera nada, como un padre que, obviamente, ya sabía lo que había ocurrido -cómo no lo iba a saber, vamos, ¡es Dios!-, y le pregunta: ¿Dónde estás?, como si estuviese jugando a las escondidas con un niño.

Esta escena me hace recordar a tantos juegos y situaciones, que he tenido con mis hijos. El típico ¿qué hiciste? -pregunta totalmente retórica porque yo ya sabía lo que había hecho-, pero igual era necesario preguntar para hacer reflexionar al otro sobre lo que había hecho y que además, intentara explicar porqué, porqué lo hizo y de esa manera extraer una enseñanza. Y ahí lo tenemos a Dios en la misma situación -no hay que olvidar que Dios es un padre amoroso y misericordioso.

Adán le responde: "Te oí andar por el jardín y tuve miedo, porque estoy desnudo; por eso me escondí", ¿cómo sabe que está desnudo?, si un momento antes no tenían idea de lo que era la desnudez. Y Dios indaga: "¿Quién te ha hecho ver que estabas desnudo? ¿Has comido acaso del árbol del que te prohibí comer?". ¿No es maravilloso?, ¿no es maravillosa la forma en que Dios le habla igual que a un niño? Si yo te dije que no, ¿por qué lo hiciste? Y llega la explicación: "La mujer que me diste por compañera me dio del árbol y comí", o sea, fue ella, no yo, y la culpa la tienes tú por ponérmela de compañera. A ver…, no sólo no se hace cargo sino que además ¡la culpa la tiene Dios!

Si hasta ese momento Dios estaba calmo y trataba de no enojarse esto debe haber colmado la medida de su paciencia.

Y sí…, no se le puede culpar. Era el momento de agarrarlos de las orejas y…, pero Dios mantiene la calma y continúa: «"¿Por qué lo has hecho?". Y contestó la mujer: "La serpiente me sedujo, y comí"», y sí, esa serpiente…

Y hasta acá llegamos.

Dijo Dios a la serpiente:

«"Por haber hecho esto, maldita seas entre todas las bestias y entre todos los animales del campo. Sobre tu vientre caminarás, y polvo comerás todos los días de tu vida. Enemistad pondré entre ti y la mujer, y entre tu linaje y su linaje: él te pisará la cabeza mientras acechas tú su calcañar".

«A la mujer le dijo: "Tantas haré tus fatigas cuantos sean tus embarazos: con dolor parirás los hijos. Hacia tu marido irá tu apetencia, y él te dominará".

«Al hombre le dijo: "Por haber escuchado la voz de tu mujer y comido del árbol del que yo te había prohibido comer, maldito sea el suelo por tu causa: con fatiga sacarás de él el alimento todos los días de tu vida. Espinas y abrojos te producirá, y comerás la hierba del campo. Con el sudor de tu rostro comerás el pan, hasta que vuelvas al suelo, pues de él fuiste tomado. Porque eres polvo y al polvo tornarás"».

Me quedé pensando si no hubiera sido mejor la pena de muerte.

Y los echó de Edén.

«Yahveh Dios hizo para el hombre y su mujer túnicas de piel y los vistió. Y dijo Yahveh Dios: "¡He aquí que el hombre ha venido a ser como uno de nosotros, en cuanto a conocer el bien y el mal! Ahora, pues, cuidado, no alargue su mano y tome también del árbol de la vida y comiendo de él viva para siempre". Y le echó Yahveh Dios del jardín de Edén, para que labrase el suelo de donde había sido tomado. Y habiendo expulsado al hombre, puso delante del jardín de Edén querubines, y la llama de espada vibrante, para guardar el camino del árbol de la vida».

En este párrafo advertimos claramente la misericordia de un padre amoroso, aún luego de semejante desobediencia y de lo grave de esas acciones, Dios los viste, les da túnicas de piel -en reemplazo de los taparrabos de hojas que ellos se habían hecho. Éste parece un tema menor, pero no lo es. Es evidente que Dios es misericordioso, amoroso, hasta el punto de que no cumple con su palabra de pena de muerte original y sólo los envía afuera, fuera del Edén a vivir con "los otros", los otros pueblos, la humanidad que había sido concebida en la creación inicial.

Aquí surgen dos temas: uno, ¿cómo llegamos a la idea de que hay otros afuera de Edén?; y dos, ¿cuál es el sentido de la historia de Edén si Adán y Eva no son los primeros humanos, los primeros seres de la humanidad?

Veamos primero a "los otros", a los otros pueblos:

«Conoció el hombre a Eva, su mujer, la cual concibió y dio a luz a Caín, y dijo:

"He adquirido un varón con el favor de Yahveh." Volvió a dar a luz, y tuvo a Abel su hermano. Fue Abel pastor de ovejas y Caín labrador.

(…)

«Caín salió de la presencia de Yahveh, y se estableció en el país de Nod, al oriente de Edén. Conoció Caín a su mujer, la cual concibió y dio a luz a Henoc. Estaba construyendo una ciudad, y la llamó Henoc, como el nombre de su hijo».

He aquí dos pistas, dos claves para entender que había otros seres fuera de Edén, la primera, Abel era pastor de ovejas y Caín labrador, debemos tener en cuenta que el pastoreo de animales y la labranza son actividades humanas bastante recientes, el hombre originalmente, era nómade, recolector, por lo que, si sus actividades eran la labranza eso significa que estos son seres, podríamos decir, modernos, y que ingresan al juego -por expresarlo de alguna manera- ,en un momento en que la humanidad ya había desarrollado ese tipo de actividades para su sustento. Y la segunda: "Conoció Caín a su mujer, la cual concibió y dio a luz a Henoc". ¿Cómo conoció a una mujer si se suponía que los únicos del mundo eran Adán Eva, y Caín, porque Abel había muerto? Si había una mujer para conocer era, simplemente, porque había alguien más a quien conocer, y esos eran "los otros".

Y ahora, ¿cuál es el sentido de la historia de Adán y Eva?, ¿para qué son creados?, ¿cuál es el sentido de que Dios se tomara tantas molestias sólo por dos personas?

Éste es un tema mucho más complejo, y para comprenderlo debemos echar un vistazo a toda La Biblia, a toda la historia del pueblo hebreo, la historia del pueblo elegido; sin comprender La Biblia no hay forma de entender el Edén.

Al leer La Biblia he reflexionado y descubierto lo que a mi parecer es el motivo, la razón de ser del pueblo elegido, los hebreos. Ya hemos visto la naturaleza humana en acción tan bien puesta en evidencia con Adán y Eva en la narración del paraíso. Ahora debemos ver qué estaban haciendo "los otros", los otros pueblos, cuando Adán y Eva, Caín y Abel entran en el juego -por así decirlo, el juego de la Humanidad.

Estos otros pueblos, que existían en esa zona, eran politeístas, creían en muchos dioses, y a algunos de ellos les habían dado características violentas y viles, hasta el extremo de ofrecerles sacrificios humanos. Si uno revisa un poco las costumbres de esa época y esa región, se encuentra con prácticas en extremo bárbaras, cómo la venganza, el sacrificio humano, el politeísmo, la adoración a dioses falsos.

Es obvio -para mí-, que Dios entendió que entre los hombres había mucho para corregir y que ya era tiempo de hacerlo, que esa situación no podía continuar y que alguien debía encargarse de realizar esa tarea. Entonces -tomando en cuenta que no era sólo una cuestión de tiempo y lugar sino de naturaleza, como había quedado demostrado con la serpiente-, entrega esa tarea a los descendientes de Adán y Eva, los hebreos, -posteriormente el pueblo de Israel-, en la actualidad el pueblo judío, los descendientes de la tribu de Judá.

Este pueblo, el pueblo elegido, es el pueblo elegido por Dios para realizar la tan dura tarea de recuperar a las ovejas descarriadas, eliminar las que no pueden redimirse y preparar el terreno para la llegada del Mesías. El Mesías, que se encargará de borrar de la humanidad la culpa de sus pecados de maldad y politeísmo, y les dará una nueva oportunidad.

Y es en esa tarea que cobra sentido el haber comido del árbol del bien y del mal; ya que este pueblo -que debe ocuparse de ser modelo de esa nueva era-, debe tener, debe contar con conocimientos extras que "los otros" no poseen, y su "certificado", el certificado de tener más entendimiento, es el haber comido del fruto del bien y del mal. Ellos eran los únicos, ellos sabían porqué, ellos tenían el conocimiento, la conciencia del porqué se debía ir hacia el monoteísmo. Ellos sabían que había un sólo Dios, sabían que había un único Dios. Lo que no me queda claro es si alguna vez llegaron a tener conciencia de la tarea encomendada, aunque la realizaron a la perfección -más allá de algunos retrasos y complicaciones, como el Diluvio, Sodoma y Gomorra, el desierto, ...

Y al final, en la historia del Mesías, de Jesús, es este pueblo, el mismo pueblo elegido, el que debe matar al Mesías para que se cumpla el remate de la obra, y además, librar a la humanidad de tan tremenda culpa:

«Mas ellos seguían gritando con más fuerza: "¡Sea crucificado! Entonces Pilato, viendo que nada adelantaba, sino que más bien se promovía tumulto, tomó agua y se lavó las manos delante de la gente diciendo: "Inocente soy de la sangre de este justo. Vosotros veréis". Y todo el pueblo respondió: "¡Su sangre sobre nosotros y sobre nuestros hijos!"» (Mateo 27:23-25).

"¡Su sangre sobre nosotros y sobre nuestros hijos!", esta frase libera a la humanidad de la terrible carga de haber matado al Mesías, el Hijo de Dios.

Allí termina una era y comienza otra. La idea del monoteísmo ya está plantada y se extiende como una onda expansiva cubriendo el planeta hasta el día de hoy. El cambio de paradigmas y leyes es modificado por Jesús. Jesús abre el juego a toda la Humanidad. La buena nueva de Jesús, el Mesías, ya no es algo reservado a los hebreos, la salvación incluye a "los otros"; a tal punto que los apóstoles, originalmente judíos, van ofreciendo a los otros pueblos, los gentiles, que tomen la posta de llevar la buena nueva por todo el mundo. Ya no es necesario ser judío para llegar a Dios, ya no es necesario ser judío para saber que Dios es uno sólo. A partir de Jesús el conocimiento es para todos, y todos somos hijos de Dios, judíos y gentiles. Ya no hay distinción. Todos somos ovejas del mismo rebaño y Dios es el buen pastor, nuestro buen pastor.

11
EL CAMINO ESPIRITUAL
Las religiones

Aunque la intención de este libro era simplemente comparar el Génesis con la ciencia, ha sido inevitable analizar el Edén, y al analizar el Edén fue también inevitable analizar el origen del pueblo hebreo, el pueblo elegido.

Al tomar conciencia de la tarea encomendada al pueblo elegido he comprendido tantas actitudes y políticas que mucho me han disgustado, tanto del pueblo judío como de la Iglesia Católica.

Ahora entiendo el porqué de que los judíos no se quieran mezclar, el porqué de que la Iglesia Católica haya reemplazado las fiestas paganas por fiestas propias, o el porqué de que hayan remplazado los dioses paganos por el Dios de los hebreos, el mismo Dios de los católicos, el mismo Dios de los hindúes, el mismo dios de los Budistas, en definitiva, por el único Dios.

Tal vez sea hora de que la Humanidad comprenda

que ya está en condiciones de dar el nuevo paso, al siguiente escalón -digamos-, en este camino espiritual, y aceptar, que si hay un único Dios, ese Dios, debe ser el mismo para todas las religiones.

A veces pienso que las religiones son como pulgas en un auto.

La idea, la imagen que quisiera transmitir sería ésta: existen pulgas desperdigadas por un auto. Algunas de ellas tienen la revelación de "ver" más allá y tratan de compartirlo con las demás, entonces una dice: "He visto a Dios y sé cómo es". Entonces las que están a su alrededor le preguntan: "¿Y cómo es?, cuenta, ¿cómo es Dios?". La que tuvo la revelación contesta: "Es negro, blando y rugoso". Claro, ésa es su visión debido a que estaba sobre una de las ruedas. Otra, que también tuvo una revelación, en cambio dice: "No, yo vi a Dios, y es rojo, liso y brillante", claro, lo describe así porque ésta se encontraba sobre la carrocería. Otra exclama: "Todas ustedes están equivocados, porque yo he visto a Dios, y no es nada de lo que ustedes dicen. Dios es gris y aceitoso". Ésta última se hallaba ubicada en el motor.

En realidad, todas han visto a Dios y todas tienen

parte de la verdad, la única diferencia y donde reside el problema de estas supuestas contradicciones -a mí modo de ver-, es que han accedido a Él desde distintas perspectivas, han presenciado diversas facetas, visiones, de la divinidad, y al no poder acceder a la vista completa de Dios -por así decirlo-, no hay forma de que se pongan de acuerdo.

La pregunta es: ¿hay alguien que haya tenido una visión completa? La respuesta es: No. Dios es inconmensurable, infinito; y una mente humana, finita, mensurable, no puede comprender, justamente, lo inconmensurable.

Decía Lao Tse[14], que si uno podía describir a Dios, en realidad estaba hablando de otra cosa, debido a que Dios no podía ser descrito. Dios, decía, es abstracto, amorfo, intangible, inaudible e inasible. Como sostenía que la gente, el ser humano, necesitaba nombrar las cosas, entonces lo nombraba con la palabra Tao[15].

---

14   Lao-Tsé, también llamado Lao Tzu, Lao Zi, Laozi o Laocio, pinyin: la(ozi (literalmente 'Viejo Maestro'). Es una figura cuya existencia histórica se debate, es uno de los filósofos más relevantes de la civilización china. La tradición china establece que vivió en el siglo VI a. C., pero muchos eruditos modernos argumentan que puede haber vivido aproximadamente en el siglo IV a. C.

15   Tao es un concepto metafísico originario del taoísmo, aunque también se

¿Y por qué no podemos ver a Dios de manera completa?

Tal vez, simplemente, porque no queremos, o acaso porque no deseamos renunciar a las parcialidades.

Pero no hay apuro. El camino espiritual es un camino que todos recorremos a nuestro propio ritmo, y Dios, es el lugar al que todos vamos a llegar, antes, o después, inexorablemente...

---

usa ampliamente en el confucionismo y el budismo chan (zen en japonés) y en la religión y la filosofía china. La palabra en sí puede traducirse literalmente por el camino, la vía, o la ruta, o también por el método o la doctrina. En el taoísmo se refiere a la esencia primordial o al aspecto fundamental del universo; es el orden natural de la existencia, que en realidad no puede ser nombrado, en contraste con las incontables cosas "nombrables" en las que se manifiesta.

APÉNDICE I

La Biblia

La Biblia es una compilación de textos que en un principio eran documentos separados (llamados "libros"), escritos primero en hebreo, arameo y griego durante un periodo muy dilatado, después reunidos para formar el Tanaj (Antiguo Testamento para los cristianos) y a continuación de este el Nuevo Testamento. Ambos testamentos forman la Biblia cristiana. En sí la Biblia fue escrita a lo largo de aproximadamente 1000 años (entre el 900 a. C. y el 100 d. C.). Los textos más antiguos se encuentran en el Libro de los jueces ("Canto de Débora") y en las denominadas fuentes "E" (tradición elohísta) y "J" (tradición yavista) de la Torá (llamada Pentateuco por los cristianos), que son datadas en la época de los dos reinos (siglos X a VIII a. C.). El libro completo más antiguo, el de Oseas es también de la misma época. El pueblo judío identifica a la Biblia con el Tanaj, no consintiendo bajo ningún concepto el término Antiguo Testamento y no acepta la validez del llamado Nuevo Testamento, reconociéndose como texto sagrado únicamente al Tanaj.

El canon de la Biblia que conocemos hoy fue sancionado por la Iglesia Católica, bajo el pontificado de san Dámaso I, en el Sínodo de Roma del año 382, y esta versión es la que Jerónimo de Estridón tradujo al latín. Dicho canon consta de 73 libros: 46 constitutivos del llamado Antiguo Testamento, incluyendo 7 libros llamados actualmente Deuterocanónicos (Tobit, Judit, I Macabeos, II Macabeos, Sabiduría, Eclesiástico y Baruc) -que han sido impugnados por judíos y protestantes- y 27 del Nuevo Testamento. Fue confirmado en el Concilio de Hipona en el año 393, y ratificado en los Concilios III de Cartago, en el año 397, y IV de Cartago, en el año 419.

Enuma Elish

Poema babilónico

Cuando en lo alto el cielo no había sido nombrado, no había sido llamada con un nombre abajo la tierra firme, nada más había que el Apsu primordial, su progenitor, (y) Mummu-Tiamat, la que parió a todos ellos, mezcladas sus aguas como un sólo cuerpo. No había sido trenzada ninguna choza de cañas, no había aparecido marisma alguna, cuando ningún dios había recibido la existencia, no llamados por un nombre, indeterminados sus destinos, sucedió que los dioses fueron formados en su seno. Lahmu y Lahamu fueron hechos, por un nombre fueron llamados. Durante eternidades crecieron en edad y estatura. Anshar y Kishar fueron formados, superando a los otros. Prolongaron sus días, acumularon años. Anu fue su hijo, rival de sus propios padres, sí, Anu, primogénito de Anshar, fue su igual. Anu engendró a su imagen a Nudimmud. Nudimmud se hizo de sus padres dueño, sabio sin par, perspicaz, fuerte y poderoso, mucho más fuerte que su abuelo Anshar. No tenía rival entre los dioses sus hermanos. Juntos iban y venían los hermanos divinos, alteraban a Tiamat al agitarse de un lado para otro, sí, alteraban el talante de Tiamat con sus risas en la morada del cielo. No podía acallar Apsu sus clamores y Tiamat estaba sin habla ante su conducta. Sus actos eran odiosos hasta [...] Aborrecible era su conducta; se hacían insufribles. Entonces Apsu, progenitor de los grandes dioses, gritó, dirigiéndose a Mummu, su visir: "Oh Mummu, mi visir, que alegras mi espíritu, ven junto a mí y vayamos a Tiamat".

Fueron y se sentaron ante Tiamat, deliberando acerca de los dioses, sus primogénitos. Apsu, abriendo su boca, dijo a la resplandeciente Tiamat: "Su conducta me resulta muy odiosa. De día no encuentro alivio ni reposo de noche. Los destruiré, aniquilaré sus obras, para restaurar la calma. ¡Tengamos descanso!". Tan pronto como Tiamat lo oyó, se sintió irritada y gritó a su esposo. Gritó llena de enojo, sola en su furor, poniendo amenaza en su tono: "¿Qué? ¿Vamos a destruir lo que hemos edificado? Su conducta, ciertamente, es enojosa, pero esperaremos con paciencia". Entonces respondió Mummu y aconsejó a Apsu. Malicioso y desgraciado fue el consejo de Mummu: "Destruye, padre mío, la conducta rebelde. Así tendrás quietud de día y reposo de noche". Cuando Apsu lo oyó, su rostro se puso radiante, por el mal que maquinaba contra los dioses sus hijos. Mummu lo abrazó por el cuello, sentándose en sus rodillas para besarle. Pero cuanto habían tramado entre ellos fue repetido entre los dioses, sus primogénitos. Cuando los dioses oyeron todo aquello, se agitaron, cayeron luego en silencio y quedaron sin habla. Soberano en saber, perfecto, ingenioso, Ea, sapientísimo, adivinó su conjura. Un designio dominador formuló y envió, capaz hizo su conjuro contrario, soberano y santo. Lo recitó e hizo que subsistiera en lo profundo, derramando el sueño sobre él, despierto del todo permanece. Cuando a Apsu tuvo postrado, cargado de sueño, Mummu, el consejero, ya no pudo excitarlo. Aflojó su banda, se despojó de la tiara, dejó su aura y se la puso él. Después de encadenar a Apsu, lo mató. Ató a Mummu y lo encadenó.

Después de haber así establecido su morada sobre Apsu, se apoderó de Mummu, anillándolo por la nariz. Después de vencer y pisotear a sus enemigos, Ea, asegurado su triunfo sobre los adversarios, descansó en su cámara sagrada sumido en paz profunda. "Apsu" la llamó al asignar los santuarios. Allí mismo su choza de culto estableció. Ea y Damkina, su esposa, allí moraron en esplendor. En la cámara de los destinos, morada de los hados, un dios fue engendrado, poderoso y sabio más que los dioses. En el corazón de Apsu fue Marduk creado. El que le engendró fue Ea, su padre, la que lo concibió fue Damkina, su madre. Al pecho de la diosa fue amamantado. La nodriza que lo crió lo hizo terrible, Seductora era su figura, la luz brillaba en sus ojos. Señorial era su paso, soberano desde antiguo. Cuando lo vio Ea, el padre que lo engendró, exultó y se iluminó su rostro, su corazón lleno de gozo. Perfecto lo hizo y doble divinidad le otorgó. Exaltado fue entre todos ellos, en todo excelente. Perfectos eran sus miembros sin medida, imposible de comprender, difícil de percibir. Cuatro eran sus ojos, cuatro eran sus oídos. Cuando movía sus labios, fuego escapaba de ellos. Grandes eran sus órganos para oír, y los ojos, en número igual, escrutaban todo. Era el más alto de los dioses, soberana era su estatura, enormes sus miembros, era alto sobremanera. "¡Hijito mío, hijito mío! Mi hijo, el Sol, ¡Sol de los cielos!". Revestido del halo de diez dioses, era fuerte cual ninguno, con todos sus terribles destellos.

Jardín del Edén

La palabra empleada para designar jardín es gan, vocablo de orígen sumerio, que significa lugar cerrado, jardín frondoso. La Vulgata, siguiendo a los LXX (setenta), traduce por paradisus, que es la trasliteración popular del persa pairi daeza, que originalmente significa la cerca del jardín, y después el contenido o jardín. Jenofonte nos habla a menudo de las fincas de recreo de los reyes persas. Queda, pues claro, por el nombre empleado, que para el hagiógrafo, el lugar de residencia de Adán es una finca de recreo o parque frondoso, como concretará más tarde. Y la localiza en Edén, como designación geográfica. Los LXX aquí lo entienden como localidad geográfica, pero en Génesis 3:23-24 traducen por "jardín de las delicias", como hace la Vulgata: "paradisum voluptatis". Se ha relacionado Edén con el sumerio edin y el asiriobabilónico edinú, que significa estepa. Según esta etimología, la descripción de la Biblia aludiría a un jardín frondoso u oasis en medio de la estepa, lo que explicaría bien que Adán fuera echado del oasis para después vivir la vida dura de la estepa con el sudor de su frente. Algunos autores lo han querido identificar con la localidad de Bit-Adinu de los textos asirios, cerca de Edesa. En todo caso, el hagiógrafo lo coloca al oriente.

Bit-Adinu

Bit Adini (también conocido como Beth Eden) fue un estado arameo situado en el valle del río Éufrates en la zona de la actual ciudad de Alepo en Siria y unos 20 km al sur de Karkemish. La mayoría de las fuentes de información sobre dicho estado son de origen asirio, con quienes Bit Adini mantuvo varios conflictos, hasta ser finalmente absorbido por el Estado asirio en la época de Salmanasar III.

Tras la crisis de los grandes imperios del siglo XII a. C., amplias zonas semiáridas del norte de Siria quedan bajo el control político de las tribus arameas que tras sedentarizarse formaran diversos estados durante los siglos XI y X a. C. y que pasaran a controlar las rutas comerciales entre Mesopotamia, el Levante y los reinos neohititas de Anatolia. Entre ellos se encuentra Bit Adani, situado en el valle del río Éufrates y con su capital Til Barsip estratégicamente situada sobre un vado del río.

Con el resurgir de Asiria, consolidado durante el reinado de Asurnasirpal II, Bit Adini ve peligrar su influencia y relaciones comerciales en la zona con lo que, junto a Babilonia, promueve sublevaciones de pequeños estados fronterizos con Asiria. Tras aplastar estas sublevaciones, Asurnasirpal II no se atreve a enfrentarse a Babilonia y se vuelve contra Bit Adini al que arrebata el territorio situado al este del Éufrates.

Hacia el año 858 a. C., Bit Adini encabeza una coalición de estados arameos y neohititas del norte de Siria y sur de Anatolia en contra del nuevo soberano asirio Salmanasar III. La coalición es derrotada y el reino de Bit Adini es anexionado a Asiria y convertido en provincia. Su capital será rebautizada como Kar-shulman-ashare-du ("fortaleza de Salmanasar") y será la sede del gobierno de la provincia.

La conquista por parte de Asiria no supuso un gran cambio cultural en la región, la lengua aramea se mantuvo y prosperó, y parte de la oligarquía local entró al servicio del Imperio asirio.

La Vulgata

La Vulgata es una traducción de la Biblia al latín, realizada a finales del siglo IV (en el 382 d.C.) por Jerónimo de Estridón. Fue encargada por el papa Dámaso I dos años antes de su muerte (366-384). La versión toma su nombre de la frase vulgata editio (edición para el pueblo) y se escribió en un latín corriente en contraposición con el latín clásico de Cicerón, que Jerónimo de Estridón dominaba. El objetivo de la Vulgata era ser más fácil de entender y más exacta que sus predecesoras.

LXX

La Biblia griega, comúnmente llamada Biblia Septuaginta o Biblia de los Setenta, y generalmente abreviada simplemente LXX, fue traducida de textos hebreos y arameos más antiguos que las posteriores series de ediciones que siglos más tarde fueron asentadas en la forma actual del texto hebreo-arameo del Tanaj o Biblia hebrea.

El nombre de Septuaginta, se debe a que solía redondearse a 70 el número total de sus 72 traductores. La Carta de Aristeas presenta como un hecho histórico una antigua versión de acuerdo con la cual, por instrucciones de Ptolomeo II Filadelfo (284-246 a.C.), monarca griego de Egipto, 72 sabios judíos enviados por el Sumo sacerdote de Jerusalén, trabajaron por separado en la traducción de los textos sagrados del pueblo judío. Según la misma leyenda, la comparación del trabajo de todos reveló que los sabios habían coincidido en su trabajo de forma milagrosa.

Cain y abel

Se presentan en La Biblia como agricultor y pastor. La agricultura y el pastoreo no aparecieron hasta la época neolítica, pues antes el hombre vivía de la caza y de la pesca. También se presenta a un bisnieto de Cain como el primer forjador de hierro, y se sabe que la elaboración de ese metal no tuvo lugar en la historia hasta el siglo XII a. C.

APÉNDICE II

El valle de las ballenas[16]
(Wadi Al-Hitan, Egipto)

Los desiertos egipcios fueron -hace más de cuarenta millones de años-, parte del lecho marino del mar de Tethys que rodeaba al supercontinente Pangea.

En el norte de Egipto, a unos 200 kilómetros de El Cairo, se encuentra Wadi Al-Hitan conocido como el Valle de las Ballenas. Allí un grupo de investigadores entre los que se halla Philip Gingerich, paleontólogo de vertebrados de la Universidad de Michigan, desentierra y estudia los restos fósiles de cetáceos.

En el reportaje realizado por Tom Mueller de *National Geographic* a Philip Gingerich este manifestaba: "Pasear por un desierto que hace 40 millones de años

---

16   Extracto de una nota de la revista *National geografic* en la que se entrevista a Philip Gingerich, uno de los investigadores que trabajó en Wadi Al-Hitan, Egipto, conocido como el valle de las ballenas. Me pareció interesante que se refiera a ellas como de "feroces monstruos marinos".

era un inmenso mar habitado por feroces monstruos marinos no es una actividad que se pueda hacer todos los días. En Wadi Al-Hitan es fácil sentirse como un buzo de secano que explora las profundidades de la prehistoria ya que este rincón de fina arena y paisaje sobrecogedor conserva fósiles de centenares de especies que habitaron el legendario mar Tethys durante el periodo del Eoceno". Y no es para menos, este lugar fue declarado por la UNESCO patrimonio de la humanidad en el año 2005.

Los primeros fósiles fueron descubiertos en 1936.

Hoy, el valle es un gran museo al aire libre donde se pueden apreciar las piezas paleontológicas expuestas sobre la arena. La mayoría de estos restos pertenecen a esqueletos de ballenas y sus ancestros: espinazos de crías de ballenas "Dorudon", mandíbulas, columnas y vértebras de ballenas "Basilosaurus" (un cetáceo de 15 metros de largo con forma de lagarto o "dragón" -de allí su nombre científico-, con boca dotada de finos y afilados dientes), tortugas, peces espada, erizos de mar, y la lista continúa. También pueden apreciarse manglares fosilizados y otras especies vegetales.

Gingerich y su equipo son responsables de haber localizado más de un millar de fósiles de ballenas en los últimos veintisiete años. Pero… ¿de dónde salieron estos fósiles?, ¿cómo llegaron allí? Para obtener una respuesta tal vez debamos realizar un ejercicio de imaginación.

Pensemos en una bestia de 15 metros de largo, con grandes mandíbulas y dientes afilados que muere y se hunde al fondo del mar de Tethys en los territorios que mucho tiempo después integrarían Egipto.

Con el transcurso de millones de años los sedimentos se acumulan encima de sus restos capa por capa. Al fin, el mar retrocede y deja expuesto el lecho marino el que paulatinamente se transforma en desierto.

El viento lentamente desgasta la arenisca y la arcilla que se habían depositado sobre los huesos, arenisca y arcilla que ahora forman parte del suelo.

Un día, luego de cientos de miles de años, llegan científicos, geólogos y paleontólogos -como Philip Gingerich- y terminan de exponerlos al mundo en un intento de desentrañar sus misterios ocultos.

Al ser entrevistado en Wadi Al-Hitan por Nacional Geographic, Philip Gingerich comentaba mientras limpiaba con el pincel una vértebra del tamaño de un tronco: "Paso tanto tiempo rodeado de estas criaturas acuáticas que, al poco de estar aquí, vivo en su mundo. Cuando miro este desierto, veo el océano". Y continúa: "Especímenes completos como ese Basilosaurus son la piedra Rosetta", en referencia a que fósiles como esos representan los eslabones que aclaran la evolución de las ballenas.

Él desea encontrar la pieza clave que explique la evolución de las ballenas, su salida a tierra firme y su regreso al mar en su lento camino evolutivo. De hecho, ha dedicado gran parte de su carrera a explicar la metamorfosis de los cetáceos, tal vez la más radical de las metamorfosis evolutivas del reino animal.

Las ballenas tienen su antepasado común en un tetrápodo (cuatro patas) de cabeza plana y aspecto de salamandra, el que originalmente salió del mar a aquellas playas de hace 360 millones de años para luego regresar a él. Sus descendientes -al migrar a tierra firme- mejoraron las funciones de sus pulmones primitivos y cambiaron aletas por patas, entre otras adaptaciones. Estos, los mamíferos, se convertirían con el tiempo en uno de los grupos de animales terrestres más exitosos que hayamos conocido, y que llegaron a dominar la Tierra.

Lo interesante de esto, es que los cetáceos retornaron por donde habían venido, evolutivamente, y adaptaron nuevamente su cuerpo a la vida en el mar. La forma, el modo en que llevaron a cabo una transformación tan grande ha desconcertado a los científicos por mucho, mucho tiempo.

En su momento, Charles Darwin intentó dar una explicación al enigma -tal vez intuyendo parte del mecanismo evolutivo-, en la primera edición de *El origen de las especies*, donde señalaba haber observado a osos flotar durante horas en el agua con la boca abierta comiendo los insectos que flotaban en la superficie. Decía: "No veo ningún obstáculo para que una raza de osos se haya vuelto, por selección natural, cada vez más acuática en su estructura y en sus hábitos, con una boca cada vez más grande, hasta producir una bestia tan monstruosa como una ballena". Sus detractores se burlaron tanto de esta imagen, que Darwin la eliminó de las ediciones posteriores de la obra.

En 1977, Gingerich y su equipo descubrieron huesos de la pelvis y los atribuyeron en broma a "ballenas caminantes". Por ese entonces, la idea de ballenas que pudiesen contar con cuatro patas les parecía ridícula. Luego, con los siguientes descubrimientos, las piezas del rompecabezas terminaron cayendo en su lugar y explicaron claramente los cambios adaptativos de esos maravillosos animales.

El mismo Gingerich relataba: "Empezó a interesarme cada vez más la enorme transición ambiental realizada por las ballenas. Desde entonces, he dedicado todo mi tiempo a la búsqueda de las muchas formas transicionales de ese salto gigantesco de tierra firme al mar. Quiero encontrarlas todas".

Para 1989, el paleontólogo halló el nexo entre los antepasados terrestres y las ballenas. Había descubierto, en un esqueleto de Basilosaurus, la primera rodilla conocida de una ballena situada en una parte de la columna vertebral, mucho más abajo de lo que había imaginado. Éste fue el primero de muchos descubrimientos similares. Ahora ya sabía qué buscar y dónde.

Mucha agua ha corrido bajo el puente -como se suele decir-, y muchos descubrimientos y piezas de rompecabezas han ido cayendo en su lugar, descubrimientos que nos muestran hoy un paisaje muy distinto de aquel de hace millones de años. Hace 50 millones de años o más las ballenas que habitaban la zona estaban muy lejos de ser los bellos y pacíficos animales que conocemos hoy. Los enormes Ambulocetus, cazadores al acecho de 700 kilos de peso, con patas cortas y enormes fauces alargadas, como un peludo cocodrilo marino, o el Dalanistes, de cuello largo y cabeza de garza, seguramente nos hubiesen parecido -como escribía Tom Mueller-, mucho más que "feroces monstruos marinos".

El periodista al final de su artículo comenta: "Gingerich todavía se sorprende de que algunas personas vean un conflicto entre la religión y la ciencia. Durante mi última noche en Wadi Al-Hitan, nos alejamos un poco del campamento bajo un firmamento cuajado de estrellas. 'Supongo que nunca he sido particularmente devoto -me dijo-, pero considero mi trabajo muy espiritual. Sólo imaginar a las ballenas que nadaron por aquí, y pensar en cómo vivieron y murieron, y en lo mucho que ha cambiado el mundo desde entonces, te pone en contacto con algo mucho más grande que tú, tu comunidad o tu vida diaria'. Extendió los brazos para abarcar el horizonte oscuro y el desierto con sus formaciones de arenisca esculpidas por el viento y sus innumerables ballenas silenciosas. 'Aquí hay espacio para toda la religión que quieras.'"

APÉNDICE III

La ubicación del Edén [17]

Pese a lo controvertidas que resultan las propuestas del egiptólogo británico David M. Rohl, lo cierto es que algunas parábolas del Génesis guardan similitud con los acontecimientos reales que tuvieron lugar hace miles de años en los campos que rodean los lagos Van y Urmía, enclavados en el llamado "Creciente Fértil", una amplia región que abarca el sur de Turquía, Irak, Irán, Siria, Palestina y Egipto. Rohl relaciona el Edén con los ríos que riegan esa zona.

El egiptólogo recuerda que el Paraíso de la Biblia es un idílico jardín repleto de fuentes de agua. Curiosamente, en la cordillera de Tauro, muy cercana al yacimiento de Göbekli Tepe, nacen más de diez ríos. "Y salía del Edén un río para regar el huerto, y de allí

---

17 Extracto de una nota publicada por Fernando Cohnen (16/12/2007) sobre descubrimientos realizados en Gobekli Tepe, Turquía.

se repartía en cuatro ramales", dice el Génesis.

Los cuatro ríos primigenios eran el Pisón, el Gibón, el Hidekel -nombre hebreo del Tigris- y el Éufrates. De acuerdo con la teoría de Rohl, la verdadera identidad de los ríos Gibón y Pisón fue revelada por Reginald Walker, un erudito británico ya fallecido, que publicó sus hallazgos en 1986. En esa región del planeta fluyen las aguas de río Aras. Pero antes de la invasión islámica del siglo VIII, tal y como descubrió Walker, el río Aras era conocido como el Gaihun, equivalente al hebreo Gibón. Por lo tanto, el actual Tigris -en la antigüedad Hideken-, junto con el Éufrates, el Pisón y el Gibón, forma el cuarteto fluvial mencionado en el Génesis. Los habitantes de sus orillas lo navegan hoy en botes de poco calado.

Por su parte, David Rohl encontró diccionarios victorianos que se refieren a ese río como el Gibón-Aras. ¿Pero existe ese río? En su libro, Walker afirma que el Pisón es simplemente una derivación del hebreo Uizon -muy parecido a Pisón-, nombre de un acuífero que riega las tierras de la región.

Walker hizo otro descubrimiento. Se trata de la villa de Noqdi, que podría ser la tierra de Nod, el lugar donde se exilió Caín tras asesinar a Abel. Según Rohl, la localización de Noqdi encaja perfectamente con lo escrito en el Génesis: "Y salió Caín delante de Jehová, y habitó en la tierra de Nod, que se encuentra al este del Edén".

Utilizando todo tipo de fuentes, no sólo las bíblicas, el controvertido egiptólogo británico afirma que los habitantes del Paraíso emigraron a Mesopotamia en el sexto milenio a.C., y se establecieron en Sumeria, donde floreció una gran cultura que dio lugar a la invención de la escritura y a la creación de Uruk, considerada la primera gran ciudad de la humanidad. Según la Biblia, la llanura de Sumer, al sur de la ciudad de Zagros, es el lugar donde emigraron los descendientes de Adán tras el diluvio universal.

La llamada "ruta de la cerámica" aporta pruebas de aquella migración. La cerámica más antigua aparece en el norte de los montes Zagros y es del séptimo milenio a.C. La siguiente generación de cacharros de barro es del sexto milenio y se ha encontrado al sur de los Zagros. Las primeras piezas de cerámica "moderna", con una antigüedad de cinco mil años, se han desenterrado en Uruk.

David Rohl recuerda que algunas leyendas antiguas recogen las mismas parábolas y mitos que La Biblia. Por ejemplo, una sumeria menciona una colina paradisíaca, Du-ku, donde se inventó la agricultura. Asimismo, la "Señora de la Montaña" de la tradición sumeria era la madre de todo lo vivo, la misma consideración que otorga el Antiguo Testamento a Eva.

En el mito de la creación sumerio, el dios Ninhursak afeaba la conducta a Enki (Adán) por comer de la planta prohibida del Paraíso, un pecado que lo puso al borde de la muerte. Ninhursak se apiadó y creó a una diosa llamada Ninti -la Señora de la costilla- para curarle. El egiptólogo británico cree que ése fue el origen de la Eva bíblica.

Rohl también se atreve a identificar el lugar donde

arribó el Arca de Noé tras el diluvio universal. En su opinión, el suceso no se produjo en el monte Ararat, sino en una montaña llamada Judi Dagh, al sur del lago Van. Según él, la parábola bíblica debe guardar algo de verdad histórica, habida cuenta de la variedad de referencias mesopotámicas sobre las pavorosas inundaciones que devastaron las orillas del Tigris y el Éufrates a finales del cuarto milenio a.C.

En otra vuelta de tuerca, el egiptólogo británico afirma que los sumerios fueron los que llevaron el comercio al Este de África, siendo los fundadores del Egipto faraónico, lo que ha desatado las críticas de sus colegas, que rechazan su osadía de rescribir la historia antigua utilizando fuentes bíblicas.

APÉNDICE IV

Polvo interplanetario, luz zodiacal

Los astrónomos han detectado polvo interplanetario remanente y nuevo -producto de la llegada de polvo interestelar y de los cometas-, en nuestro sistema solar. Se le llama polvo zodiacal y genera una luminiscencia que puede verse en el plano de los planetas, o sea, el plano de la eclíptica, allí donde estuvo -en el principio- el disco de acreción.

El polvo interplanetario (IDPs) está compuesto por partículas de hasta 100 mm, y a partir de ese tamaño tendríamos Meteoroides y objetos más grandes, por tanto se trata de partículas muy pequeñas, el polvo interplanetario es una variante del polvo cósmico, se le llama interplanetario pues está comprendido entre el sol y los planetas.

También se han descubierto varios sistemas solares en formación en los que se puede apreciar el polvo protoplanetario existente entre los planetas que se están consolidando y la estrella central.

Luego de 4.000 millones de años de vida del Sol y de su viento solar, aún continúa flotando polvo en el espacio interplanetario. El polvo remanente de la nebulosa original al que se suman permanentemente lo que sueltan los cometas y el que llega del espacio interestelar, o sea, el polvo que está más allá del sistema solar y que arriba a nuestro sistema gracias a las corrientes de vientos de las estrellas, novas, ondas gravitacionales y toda la dinámica de la galaxia.

Es claro que el viento solar no es suficiente para limpiar el espacio interplanetario.

Al parecer existe un cierto equilibrio entre la fuerza de atracción del Sol y el viento solar, además de que también el polvo ha de describir órbitas e interactuar con los planetas.

Este polvo cae a la tierra en forma de micrometeoritos que por su tamaño llegan a la superficie terrestre casi sin verse alterados.

Este polvo zodiacal es el remanente de aquella "tormenta de arena" que impedía al observador del génesis ver el sol y por lo tanto comprender que esa era la fuente de la luz que él percibía.

También una prueba de la imposibilidad de ver -desde la Tierra- el momento en que la estrella, el Sol, se encendió por primera vez.

La Tierra en su movimiento alrededor del sol captura –aún hoy- miles de toneladas de este polvo diariamente (unas 2900tn al día), a ese ritmo se calcula que si no se destruyera este polvo, en la tierra habría una capa de un metro de altura de polvo de color oscuro, el polvo interplanetario.

Dinámica

Veamos ahora la dinámica del polvo interplanetario en el sistema solar.

Sobre esta micromateria interplanetaria actúan diversas fuerzas:

– La presión de radiación; que aparece como una fuerza que actúa sobre el polvo empujándolo y por tanto frenándolo y tratando de desplazarlo hacia afuera del sistema solar, es un vector de poynting, es decir es afectado por la intensidad de la onda electromagnética proveniente del sol, es una presión muy débil pero muy apreciable en la colas cometarias al acercarse al sol.

–El efecto Poynting-Robertson, La interacción del polvo con la luz solar genera una fuerza de frenado que es débil en comparación con la generada por la presión de radiación pero que disipa energía y momento causando que la partícula caiga muy lentamente en órbitas en forma de espiral hacia el Sol. Este efecto es muy importante para partículas muy pequeñas, pero cuando ya se trata de cuerpos de masa cercana al metro ya no es apreciable.

-Otro efecto importante es la existencia del campo magnético interplanetario el cual origina una fuerza que tiende a aumentar la inclinación orbital del polvo interplanetario.

La disposición del polvo en el sistema solar es de una mayor concentración entre Marte y el Sol, en de una forma lenticular aplastada, con su plano de simetría principal coincidiendo con el plano invariable del sistema solar (o plano máximo de Aries o Laplace).

En las cercanías del sol por debajo de 0.5 UA habría ausencia de ellos pues las altas temperaturas los volatizan.

El polvo interplanetario lo podemos en cierto modo visualizar desde la Tierra. Si la noche es muy oscura y con gran estabilidad podemos ver lo que se denomina luz zodiacal, se llama así pues se puede observar una tenue luz en el plano de la eclíptica en el amanecer o al anochecer, Esta es el reflejo de la luz del sol por parte del polvo interplanetario en las cercanías del sol.

Disco de acreción de Beta Pictoris

En 1983, el satélite multinacional IRAS (Infrared Astronomical Satellite) descubrió que algunas estrellas cercanas emitían más luz infrarroja de lo normal. Enseguida, comenzaron las especulaciones, y casi todas ellas apuntaban en la misma dirección: ese exceso de radiación infrarroja podía explicarse mediante la existencia de enormes (y calientes) anillos de materia alrededor de las estrellas. Al año siguiente, astrónomos del Observatorio de Las Campanas, al norte de Chile, revelaron algo mucho más concreto: una de las estrellas en cuestión, llamada Beta

Pictoris, tenía a su alrededor un colosal disco de materia, de 30 veces el diámetro del Sistema Solar. Era muy plano, y parecía tener un hueco en el medio. Y si bien no se detectaron planetas en su interior, casi todos los astrónomos interpretaron que lo que se veía alrededor de Beta Pictoris, era el embrión de un sistema planetario. Nada menos. Y que el hueco central era un área donde, probablemente, se estaban formando planetas, que crecían a medida que incorporaban todo ese desparramo de escombros cósmicos. El emblemático caso de Beta Pictoris fue seguido por muchísimos otros hasta nuestros días, incluyendo los "discos protoplanetarios" observados por el Telescopio Espacial Hubble en las entrañas de la famosa Nebulosa de Orión. Todas esas observaciones directas, sumadas a nuevos modelos astrofísicos, y simulaciones por computadora, permitieron entender cómo nacen los sistemas planetarios. Y como nació el nuestro…

El inconveniente del polvo interplanetario en la búsqueda de exoplanetas

Ese polvo interplanetario (o interestelar si hablamos del que hay entre las estrellas de la galaxia) es problemático, afecta a cómo vemos los exoplanetas. Especialmente los que estén en la zona habitable.

Imaginemos una luz zodiacal que fuese mil veces más brillante que la que vemos aquí. Tan brillante que oscurezca incluso a la Vía Láctea. ¿Qué impacto tendría una luz así para los astrónomos? Podemos sospechar que sería serio, pero, ¿cuánto exactamente? Eso es lo que un grupo de investigadores ha intentado determinar en un nuevo estudio. Nos permite comprender, por ejemplo, la dificultad de encontrar planetas en torno a ciertas estrellas.

En él, se intenta determinar cuánto polvo interplanetario podría impedir que podamos detectar planetas en torno a esa estrella. Es algo que puede resultar útil para los telescopios que se diseñen en el futuro. En este caso, se han examinado las 30 estrellas más cercanas. Los primeros resultados parecen bastante positivos. En las estrellas observadas, su luz zodiacal es 15 veces menor que la que tenemos en la zona habitable del Sistema Solar.

Problemático a grandes escalas

Pero los planetas que estén en zonas con luz zodiacal muy intensa pueden ser problemáticos. Epsilon Eridani es un sistema interesante por su proximidad al Sol. Está a solo 10,5 años-luz, muy cerca en la escala astronómica. Además, es muy parecida a nuestra estrella. Así que es un objetivo que en teoría parecería atractivo. Sin embargo, los investigadores han concluido que tiene tanto polvo interplanetario que no podríamos identificar un planeta como la Tierra a su alrededor.

Aun así, Epsilon Eridani es interesante porque permite estudiar el proceso de formación de planetas, entre otros motivos. Durante años se ha afirmado que podría tener un planeta a su alrededor. Sin embargo, su detección es complicada y se ha puesto en duda. Si lo hubiese, algo que no parece tener muchos apoyos, se trataría de un planeta con una masa similar a Júpiter, entre un 60% y un 155% de su tamaño. Con una órbita de 6,8 a 7,3 años.

El estudio, en cualquier caso, es una muestra de que todavía se está empezando a estudiar la distribución del polvo interplanetario. Algo que nos puede permitir deducir la posibilidad de que haya planetas en un sistema estelar. El modelo estándar es que el polvo interplanetario se forma durante las colisiones entre asteroides. Ese polvo se acerca a la estrella y es esparcido por todo el sistema.

El intrigante caso de Vega

Un resultado llamativo es el de Vega. Los astrónomos saben desde hace tiempo que la estrella tiene un gran cinturón de polvo interplanetario frío. Viene a ser el equivalente del Cinturón de Kuiper en el caso de Vega. También tiene un disco de polvo caliente cerca de la estrella. Pero no se ha descubierto polvo templado, algo que sí se ha visto en el Sistema Solar. Ese polvo es el que estaría en la zona habitable.

Así que los investigadores se preguntan cuál podría ser el mecanismo que hace que no haya polvo interplanetario en esa región. Su ausencia, en sus palabras, podría ser la señal de que hay un planeta muy masivo. Su gravedad podría ser la responsable de mantener esa región limpia. También podrían ser varios planetas rocosos con una masa similar a la de la Tierra. Otras estrellas, por su parte, han mostrado resultados diferentes.

En lugar de tener esos cinturones de polvo interplanetario lejanos y cercanos, tienen grandes cantidades de polvo interplanetario en la zona habitable. En esos casos, su presencia podría deberse a un cinturón masivo de asteroides en el que las colisiones sean muy frecuentes. De esas 30 estrellas analizadas, se ha detectado, por ahora, polvo interplanetario en la zona habitable de cuatro.

La dificultad para ver planetas en la zona habitable

Dos de esas estrellas, también, son astros en los que hasta ahora no se había detectado polvo a su alrededor. Aunque esto puede explicarse si tenemos en cuenta que los instrumentos que están utilizando son de cinco a diez veces más sensibles. En las próximas búsquedas de exoplanetas, los investigadores sugieren ampliar el análisis a estrellas más lejanas. Tienen claro que cuanto mejor sepamos cuánto polvo interplanetario hay en un sistema, mejor.

La idea es, como mínimo, interesante. Sin embargo no hay que perder la perspectiva. De hecho, el propio estudio lo demuestra. En la mayoría de estrellas más cercanas, la cantidad de polvo entre planetas es inferior a la que vemos aquí. Así que no parece que pueda ser un factor que nos vaya a impedir descubrir planetas rocosos en otros sistemas. Sí que sirve, por otra parte, para mantener la incógnita en algunos casos.

Es decir, si en torno a una estrella no se ha encontrado planetas, pero se sabe que tiene una nube densa de polvo, es posible que sea simplemente esa nube lo que nos impide detectarla.

Sea como fuere, el estudio resulta interesante para comprender los primeros momentos de la creación del sistema solar y su estrella central el sol.

Ref.: Estudio de S. Ertel, D. Defrère, P. Hinz et al; "The HOSTS survey – Exozodiacal dust measurements for 30 stars". Publicado en la revista Astrophysical Journal el 17 de abril de 2018.

www.ingramcontent.com/pod-product-compliance
Lightning Source LLC
Chambersburg PA
CBHW060017210326
41520CB00009B/920